05.12.2006

Meinem lieben Freund Hans,
mit mir als Vermittler zwischen
zwei CH-Top-Geologen.

Mit den besten Wünschen
und herzlichen Grüssen!

Kurt [illegible]

STEINKUNDE KOMPAKT

GRUNDWISSEN

Mineralogie
Petrografie
Geologie
Natursteinverarbeitung

Für Berufe der natursteinverarbeitenden Branche

Autor
Dr. Alex Mojon

Ko-Redaktion
Silvio Giger, Dr. Roger Heinz
Dr. Rainer Kündig

IMPRESSUM

Autor	Alex Mojon, CH-6252 Dagmersellen
Ko-Redaktion	Silvio Giger, Dr. Roger Heinz, Dr. Rainer Kündig
Verlag, Gestaltung, Realisation	Weber AG Verlag, Gwattstrasse 125 CH-3645 Gwatt/Thun www.weberag.ch
Lektorat	Barbara Friedli, Robert Stadler, Godi Winkler
Korrektorat	Marianne Baumann
Erstauflage	2'000 Exemplare, April 2006

ISBN 3-909532-34-9

Vorwort

Mysteriös glänzende Mineralien und in Farbe sowie in Struktur vielfältigste Natursteine faszinieren den Menschen immer wieder. Ob in der Natur entdeckt oder am Bauwerk vorgefunden – fragend beobachtet man sodann diese von der Natur geschaffenen Feststoffe.

Mineralien und Natursteine entstanden vor Millionen bzw. Milliarden von Jahren. Die Nutzung dieser Naturrohstoffe setzte aber erst vor rund 100'000 Jahren ein. Damals begann der werdende Mensch, mit primitiven Werkzeugen erste Nutzgegenstände aus Werkstoffen herzustellen. So vielfältig wie die Natur in Urzeiten Mineralien und Natursteine entstehen liess, so vielfältig gelangen diese heute aufgrund innovativer Abbau- und Verarbeitungsmethoden zum Einsatz. Wir begegnen ihnen im Alltag als Schmuck, als Bauwerkrohstoffe oder in Nahrungsmitteln, Kosmetika, Medikamenten und Landwirtschaftsbasisprodukten.

Der Geologe vermag diese Rohstoffe «zum Sprechen» zu bringen. Jeder Stein hat seine Geschichte und jedes Mineral, das letztlich den Naturstein aufbaut, ebenso. Aber auch jede Struktur, die in einem Stein vorgefunden wird, hat seine Historie. Und Architekten, welche Naturstein aufgrund seiner vielfältigen Einsatzmöglichkeiten am Bau verwenden, sprechen stolz von der «Architektursprache» dieser Werkstoffe.

Mit diesem Buch will ich die Leserschaft in die Erdwissenschaften und die Natursteinverarbeitung einführen, damit sie die Sprache der Natursteine besser verstehen kann. Das Buch richtet sich vorab an die Menschen aus Berufen der Natursteinbranche. Es umfasst alle wichtigen Themen, die für das Verständnis in dieser Branche notwendig sind.

Die Schweiz ist aus mehreren Gründen für Geologen und für Vertreter aus der Natursteinbranche von besonderer Bedeutung:

- Die Schweiz weist einen grossen Reichtum an verschiedensten Natursteinen auf.
- Bei der Natursteingewinnung und -verarbeitung blicken wir hierzulande auf eine über tausendjährige Tradition zurück.
- Der Pro-Kopf-Verbrauch von Naturstein ist in der Schweiz weltweit der höchste.
- Unser komplexer Alpenbau zieht Wissenschaftler und Studenten aus aller Welt an.

In diesem Unterrichtswerk werden die Geologie der Schweiz und die heimischen Natursteine deshalb besonders erwähnt.

Meinen Freunden, die mich zur Niederschrift dieses Buchs anregten, und insbesondere denjenigen, die mir redaktionell kritisch zur Seite standen, spreche ich meinen besten Dank aus.

Alex Mojon

Uettligen/Dagmersellen, im April 2006

Inhaltsverzeichnis

1 Unsere Erde

1.1 EINLEITUNG

Die Reise der Geologen zum Mittelpunkt der Erde gestaltet sich abenteuerlicher, als es sich Jules Verne 1864 in seinem gleichnamigen Roman, einem der ersten Science-Fiction-Romane überhaupt, träumen liess. Tatsächlich endet unser exaktes Wissen darüber, was sich unter unseren Füssen abspielt, bereits in wenigen Kilometern Tiefe. Trotzdem ist es im Laufe der letzten 140 Jahre gelungen, sowohl weit ins Erdinnere hinein als auch weit in die Erdgeschichte zurückzu«schauen».
Dieses Unterrichtswerk soll die Leserschaft anregen, die Sprache der Geologie, der Mineralogie und der Natursteinkunde im Allgemeinen verstehen zu wollen. Denn was wir auf Wanderungen, Klettertouren oder am Strand vor uns haben, ist weit mehr als tote Materie. Es ist das Archiv einer über vier Milliarden Jahre alten Geschichte, ein «illustriertes Buch», das uns – wenn man geologisch zu «lesen» lernt – neue Welten eröffnet. Erdbeben oder aktive Vulkane erinnern uns daran, dass dieses Buch täglich um weitere Kapitel ergänzt wird.

Abbildung 1.1: Die Erde ist mit aktiven Vulkanen, jungen Gebirgen und sich ständig erneuernden Kontinenten geologisch betrachtet noch «lebendig». Diese Aufnahme wurde vom Mond aus gemacht – dem Erdtrabanten, der geologisch gesehen seit drei Milliarden Jahren «tot» ist.

Wer sich mit den Geowissenschaften beschäftigt, muss vorab eine spezielle Beziehung zur Zeitdimension aufbauen: In den Alpen finden wir Gesteine, die mehr als 300 Millionen Jahre alt sind. Würde man die gesamte Zeitspanne von der Bildung der Erde vor etwa 4'600 Millionen Jahren bis zum heutigen Tag in einen Jahreskalender umrechnen, so entspräche der Zeitraum der letzten 300 Millionen Jahre bloss dem Monat Dezember! Am 31. Dezember, lediglich eine Minute vor Mitternacht, wäre noch die gesamte Schweiz während der letzten grossen Eiszeit unter einem 1'000 m dicken Eispanzer gelegen...

1.2 DIE ELEMENTE – BAUSTEINE DER ERDE

Die Erde, und die gesamte Materie des Universums überhaupt, sind aus wenigen Bausteinen, den *chemischen Elementen*, zusammengesetzt. Für das tiefere Verständnis unseres Planeten ist deshalb ein chemisches Grundwissen nötig:
Die Elemente, auch *Atomsorten* genannt, sind die Grundstoffe, aus welchen in geeigneter Anordnung und Kombination alle uns umgebenden Materialien aufgebaut sind. Die Elemente bestehen aus drei Elementarteilchen, die sich im Wesentlichen nur durch ihre elektrische Ladung unterscheiden: die positiv geladenen *Protonen*, die negativ geladenen *Elektronen* sowie die elektrisch neutralen *Neutronen*.

Die Elemente werden gemäss ihrer Anzahl Protonen klassiert und im sogenannten Periodensystem zusammengestellt. Jedes Element wird im Periodensystem mit einem oder zwei Buchstaben und einer Zahl bezeichnet. Beispielsweise steht «H» für Wasserstoff und «Na» für Natrium. Die Zahl steht für die Anzahl der Protonen in einem bestimmten Element. Die Elemente werden weiter in Haupt- und Nebengruppen unterschieden, worauf hier allerdings nicht weiter eingegangen werden soll. Abbildung 1.2 zeigt die wichtigsten auf der Erde bekannten Elemente von insgesamt über 100.

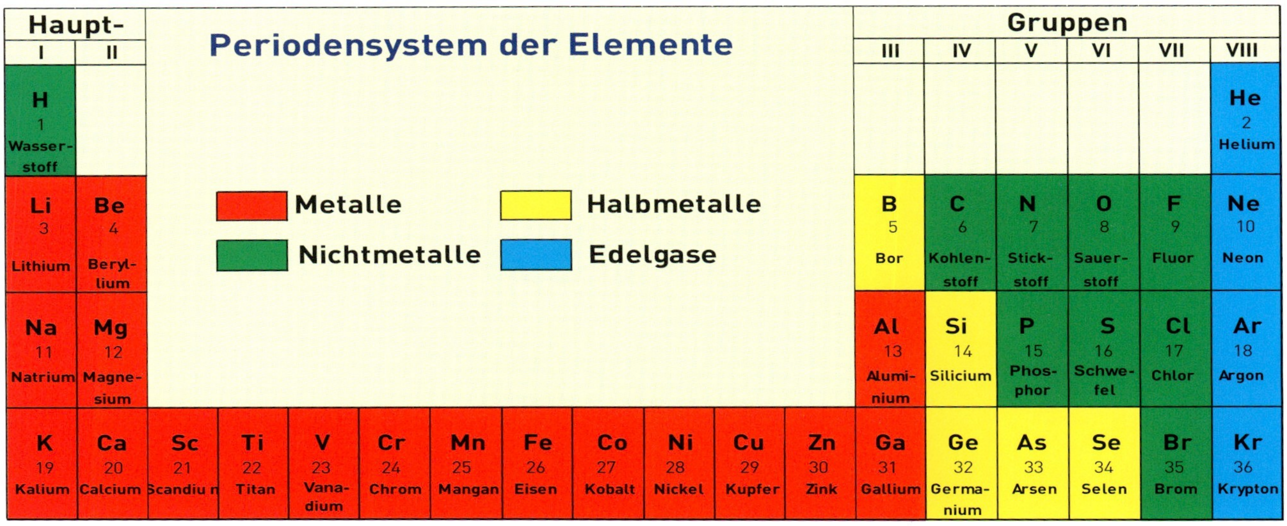

Periodensystem der Elemente

Metalle · Halbmetalle · Nichtmetalle · Edelgase

Haupt-												Gruppen					
I	II											III	IV	V	VI	VII	VIII
H 1 Wasserstoff																	He 2 Helium
Li 3 Lithium	Be 4 Beryllium											B 5 Bor	C 6 Kohlenstoff	N 7 Stickstoff	O 8 Sauerstoff	F 9 Fluor	Ne 10 Neon
Na 11 Natrium	Mg 12 Magnesium											Al 13 Aluminium	Si 14 Silicium	P 15 Phosphor	S 16 Schwefel	Cl 17 Chlor	Ar 18 Argon
K 19 Kalium	Ca 20 Calcium	Sc 21 Scandium	Ti 22 Titan	V 23 Vanadium	Cr 24 Chrom	Mn 25 Mangan	Fe 26 Eisen	Co 27 Kobalt	Ni 28 Nickel	Cu 29 Kupfer	Zn 30 Zink	Ga 31 Gallium	Ge 32 Germanium	As 33 Arsen	Se 34 Selen	Br 35 Brom	Kr 36 Krypton

Abbildung 1.2: Auszug aus dem Periodensystem der Elemente (zur Vereinfachung sind nur die häufigsten ersten 36 der rund 100 Elemente berücksichtigt). Die Buchstaben bezeichnen die Abkürzungen der verschiedenen Elemente, die Nummern die Anzahl Protonen. Beispielsweise ist Wasserstoff (H) das kleinste Element mit nur einem Proton, gefolgt von Helium (He) mit zwei Protonen usw.

Viel wichtiger ist die Unterteilung der Elemente in die verschiedenen Kategorien – Metalle, Halbmetalle, Nichtmetalle und Edelgase.

- Metalle sind Elemente, die den elektrischen Strom bei Raumtemperatur gut leiten und durch ihren Glanz charakterisiert sind. Insbesondere die Metalle der Spalten I und II (Li bis Ca) sowie das Aluminium (Spalte III), die sogenannten Leichtmetalle, sind sehr häufig.
- Halbmetalle leiten den elektrischen Strom nur unter bestimmten Bedingungen.
- Nichtmetalle leiten den elektrischen Strom nicht, sind jedoch für uns von grösster Bedeutung: Der menschliche Körper besteht zu über 90% aus den drei Nichtmetallen Wasserstoff (H), Kohlenstoff (C) und Sauerstoff (O). Die Nichtmetalle der VII. Spalte (F, Cl etc.) werden auch Halogene genannt.
- Edelgase sind farb- und geruchlose, atomare Gase, die kaum mit anderen Elementen reagieren und die hauptsächlich in der Atmosphäre zu finden sind.

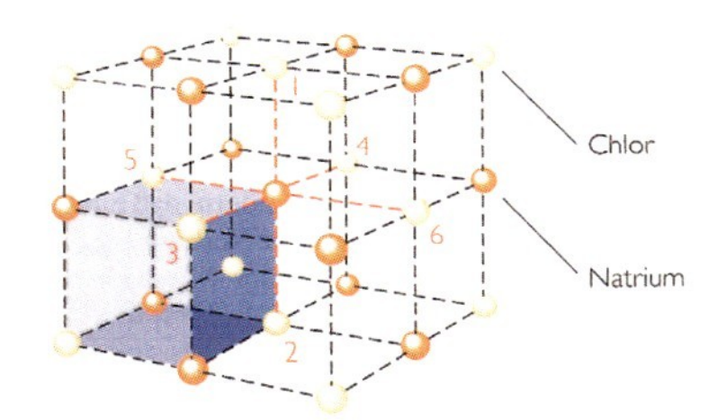

Abbildung 1.3: Schematische Anordnung der Elemente Natrium bzw. Chlor im NaCl-Kristallgitter zu einer Verbindung von Steinsalz.

Nach ganz bestimmten Prinzipien lassen sich die verschiedenen Elemente zu nahezu unendlich vielen verschiedenen Verbindungen kombinieren. Bei Feststoffen ordnen sich die Elemente jeweils in ganz spezifischen Kristallgittern an.
Aus je einem Element Natrium und Chlor entsteht beispielsweise Steinsalz NaCl (Abbildung 1.3). Enthält eine Verbindung das Element Kohlenstoff (C), so spricht man von einer organischen, ansonsten von einer anorganischen Substanz.

1.3 DIE GEBURT DER PLANETEN

Zuerst stellt sich die Frage nach dem Ursprung unseres Planeten: Wie konnte sich die Erde überhaupt bilden?
Der Weltraum ausserhalb unseres Sonnensystems ist nicht «leer», wie von Forschern lange angenommen. Dank der Raumfahrtprojekte und moderner Teleskope wurde eine Vielzahl von Gas- und Staubwolken im Universum nachgewiesen. Die Gase bestehen hauptsächlich aus Helium (He) und Wasserstoff (H), den beiden Elementen, aus denen unsere Sonne zu 99% besteht. Die Staubteilchen sind eisenhaltig, womit diese eine ähnliche chemische Zusammensetzung wie die Erde aufweisen.
Nach heutigem Wissensstand entstand das Universum vor rund 13 Milliarden Jahren anlässlich einer gewaltigen Explosion *(Urknall)*. Gase und Staubpartikel begannen als Folge dieser Explosion zu expandieren. Über die physikalischen Abläufe des Urknalls ist bis heute aber nur wenig bekannt.
Nach der Explosion begannen sich die verschiedenen Teilchen wechselseitig anzuziehen *(Kontraktion)*. Der Grund dafür liegt in der so genannten Gravitationskraft, einer Anziehungskraft, die auch dafür verantwortlich ist, dass der Apfel vom Baum zu Boden fällt – und nicht gegen den Himmel!
Als Folge der Kontraktion bildeten sich dann an vielen Stellen im Universum kugelförmige, langsam rotierende Wolkengebilde aus Gas und Staub, welche sich später aufgrund komplexer physikalischer Gesetze auf einer Scheibe anordneten. Durch weitere Rotation und Kontraktion sammelte sich immer mehr Materie im Zentrum der Scheibe. Aufgrund der enormen Verdichtung stieg die Temperatur im Zentrum stark an. Aus einer dieser Scheiben bildete sich letztlich unser Sonnensystem (Abbildung 1.4) mit dem heissen Massenzentrum Sonne im Mittelpunkt und den aus Restmaterie gebildeten Planeten auf Ringbahnen in der scheibenförmigen Umlaufebene.
Die inneren, der Sonne näheren Planeten (Merkur bis Mars, und also auch die Erde) bildeten sich also bei höheren Temperaturen. Sie bestehen heute aus einem dichten, schweren, metallischen Kern (Dichten 4,0–5,5 kg/cm^3). Entsprechend bestehen die äusseren Planeten (Jupiter bis Pluto) weitgehend aus Gasen wie etwa Wasserdampf (H_2O) oder Helium (He).

(a)

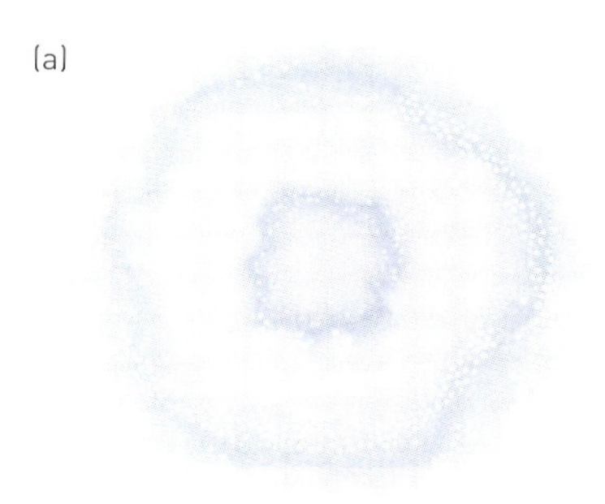

(b)

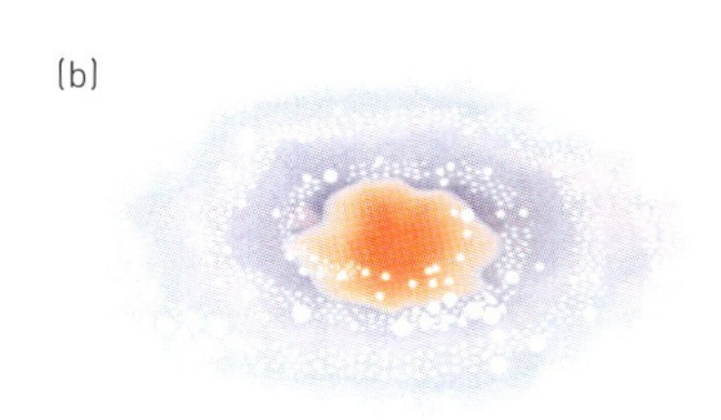

(c)

(d)

Abbildung 1.4: Die Entstehung des Sonnensystems aus einem Wolkengebilde:
a Eine annähernd kugelförmige, langsam rotierende Wolke aus Gas und Staub beginnt sich infolge der Gravitation zu verdichten.
b Als Folge der Kontraktion bildet sich eine flache Scheibe, deren Materie sich zunehmend im Zentrum konzentriert.
c Es bilden sich die «Ursonne» sowie Ringe mit dem Restmaterial.
d Die Materie der Ringe verdichtet sich zu Planeten, die auf Ringbahnen in der scheibenförmigen Umlaufebene laufen.

1.4 DIE JUGEND DES BLAUEN PLANETEN

Analog zu den Planeten unseres Sonnensystems finden wir im kleineren Massstab eine ähnliche Verteilung der Elemente auf unserer Erde, auch Blauer Planet ge-

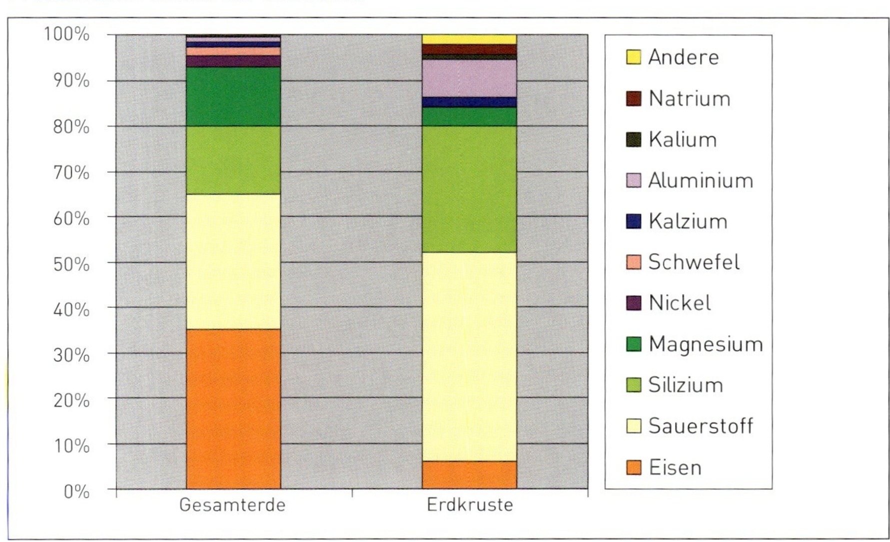

Abbildung 1.5: Die relativen Häufigkeiten der Elemente für die Erde als Ganzes und für die Kruste, jeweils angegeben in Gewichtsprozenten.
Die Differenziation führte dazu, dass die Kruste an Eisen verarmte, jedoch an leichteren Elementen wie Sauerstoff, Silizium, Aluminium und weiteren angereichert wurde.

nannt: Die schweren metallischen Elemente Eisen (Fe) oder Nickel (Ni) sind vorwiegend im Erdkern angereichert, die leichteren Elemente Silizium (Si) und Aluminium (Al) in der Erdkruste und die gasförmigen, flüchtigen Elemente Stickstoff (N) und Sauerstoff (O) an der Erdoberfläche (trockene Luft besteht sogar zu 99% aus diesen beiden Elementen!). Diese sehr ungleichmässige Verteilung der Elemente ist das Ergebnis eines Prozesses, welcher *Differenziation* genannt wird.
Die Differenziation hat das allmähliche Absinken schwerer Elemente in den Erdkern bei gleichzeitigem Aufsteigen der leichten Elemente aus dem Kernbereich in die Kruste oder an die Erdoberfläche zur Folge.
Die leichteren Elemente bildeten im Laufe der Zeit die Erdkruste. Gase entwichen aus dem Erdinnern und erzeugten die Atmosphäre.
Aus den über 100 bekannten Elementen sind auf unserem Planeten jedoch nur deren 8 für den Aufbau von rund 99% der gesamten Erdmasse verantwortlich (Abbildung 1.5).

1.5 DER SCHALENBAU DER ERDE

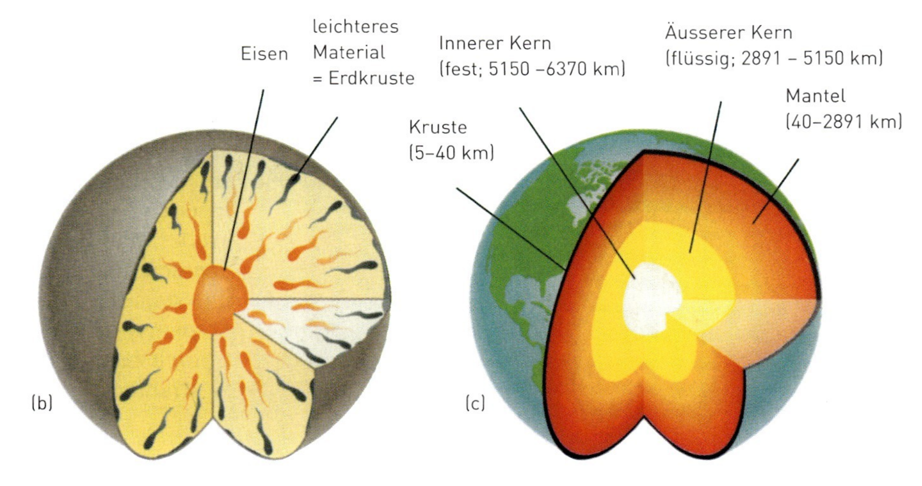

Abbildung 1.6: Die frühe Erde (a) war vermutlich homogen und hatte keine Kontinente oder Ozeane. Mit zunehmender Erwärmung des Erdinnern kam es zur Differenziation: Eisen sank in den zentralen Bereich ab, und leichteres Material stieg an die Oberfläche und bildete die Kruste (b). Als Folge weist die Erde einen schalenförmigen Aufbau auf (c), mit einem dichten Kern aus Eisen, einer Kruste aus leichtem Gesteinsmaterial und dazwischen einem Mantel aus gemischtem Material.

Als Konsequenz für die unterschiedliche Verteilung der Elemente innerhalb der Erde können wir das Erdinnere in Schalen unterteilen (Abbildung 1.6). Einem Apfel ähnlich besteht die Erde demnach im Wesentlichen aus einem *Kern*, der eigentlichen Frucht (= *Erdmantel*), sowie einer verhältnismässig dünnen Aussenhaut, der *Erdkruste*. Die Atmosphäre ist so etwas wie ein chemischer Überzug, welcher den Apfel vor dem Faulen bzw. die Erde von der gefährlichen UV-Strahlung der Sonne schützt.

Doch nicht nur die chemische Zusammensetzung der Erde verändert sich mit zunehmender Distanz vom Erdkern, sondern auch der physikalische Zustand der Materie (Abbildung 1.7).
Erstaunlicherweise ist der innere Erdkern mit den höchsten Temperaturen fest, der äussere Kern hingegen flüssig. Der Erdmantel wiederum ist zwar fest, doch sind Anteile der oberen Mantelgesteine (Asthenosphäre) geschmolzen. Dieser Schmelzanteil verhält sich physikalisch plastisch[1]. Gegen die Erdkruste hin sind die obersten Mantelgesteine aufgrund der niedrigeren Temperaturen nur noch elastisch. Darüber folgt die starre, erkaltete Erdkruste.
Man fasst den obersten, vorwiegend elastischen Teil des Erdmantels und die Erdkruste zu einem einzigen Begriff zusammen, der uns in der Folge häufig begegnen wird: der sogenannten Lithosphäre [líthos = griechisch für Gestein]. Da diese auf der plastischen Asthenosphäre gelegen ist, kann sie sich auf dieser bewegen, was für die Prozesse und Ereignisse im Bereich der Erdoberfläche von grösster Bedeutung ist (siehe Kapitel «Plattentektonik»).

[1] Als Plastizität bezeichnet man die Fähigkeit eines Materials zu einer bleibenden Deformation. Im Gegensatz dazu ist die elastische Deformation eine temporäre Deformation.
Elastische Deformation: Drückt man beispielsweise einen Radiergummi mit Daumen und Zeigefinger zusammen (ohne ihn zu brechen) und lässt anschliessend wieder nach, so nimmt der Gummi wieder seine ursprüngliche Gestalt an. Die temporäre Verformung verschwindet wieder, der Gummi ist also elastisch.
Plastische Deformation: Gibt man jedoch festen Honig auf einen Teller, so wird dieser beim Aufheizen flüssig, er beginnt zu fliessen. Bei erneutem Abkühlen erstarrt der Honig in seiner neuen Gestalt, die Deformation ist permanent, also plastisch. Auch Gesteine in grosser Tiefe beginnen aufgrund der hohen Temperaturen zu fliessen.

Der Aufbau der äussersten Schichten der Erde wird – oft etwas verwirrend – sowohl nach der chemischen Materialzusammensetzung als auch nach den physikalischen Materialeigenschaften gegliedert.

Gliederung nach der chemischen Materialzusammensetzung: Erdkruste und Erdmantel

Die *Erdkruste* ist die äusserste Schicht der Erde. Sie ist von variabler Dicke (unter den Ozeanen nur etwa 5–8 km, bei Faltengebirgen wie dem Himalaja bis zu 40 km) und variabler Zusammensetzung (vorwiegend Granite, Gabbros und Gneise).
Der *Erdmantel* ist in Bezug auf Dicke (fast 3'000 km) und Volumen (über 80% der Gesamterde) die mächtigste Schale der Erde. Da der Erdmantel im Gegensatz zur Erdkruste vorwiegend aus dichten Gesteinen wie Peridotiten (Kapitel 4.1.A) besteht, ist die Grenzzone zwischen Kruste und Mantel eine *Materialgrenze*. Die Grenzzone wird auch MOHO (siehe «Glossar») genannt.

Gliederung nach den physikalischen Materialeigenschaften: Lithosphäre und Asthenosphäre

Als *Lithosphäre* bezeichnet man die äusserste, sich im oberen Teil *starr* und im unteren Bereich *elastisch* verhaltende Schicht der Erde, welche in einzelne Segmente – den so genannten Kontinentalplatten – gegliedert ist. Sie umfasst die *Erdkruste* und einen Teil des oberen *Erdmantels* mit einer Gesamtdicke von bis zu 150 km unter den Kontinenten und bis zu 100 km unter den Ozeanen. Darunter folgt die *Asthenosphäre*, deren Gesteine sich aufgrund der hohen Temperaturen (höher als 1'300° C) und Drucke *plastisch* verhalten – d.h. sie beginnen zu fliessen. Die Grenzzone Lithosphäre-Asthenosphäre liegt also inmitten des oberen Mantels, hier grenzen Gesteine gleicher chemischer Materialzusammensetzung, aber *unterschiedlicher physikalischer Materialeigenschaften* aneinander.

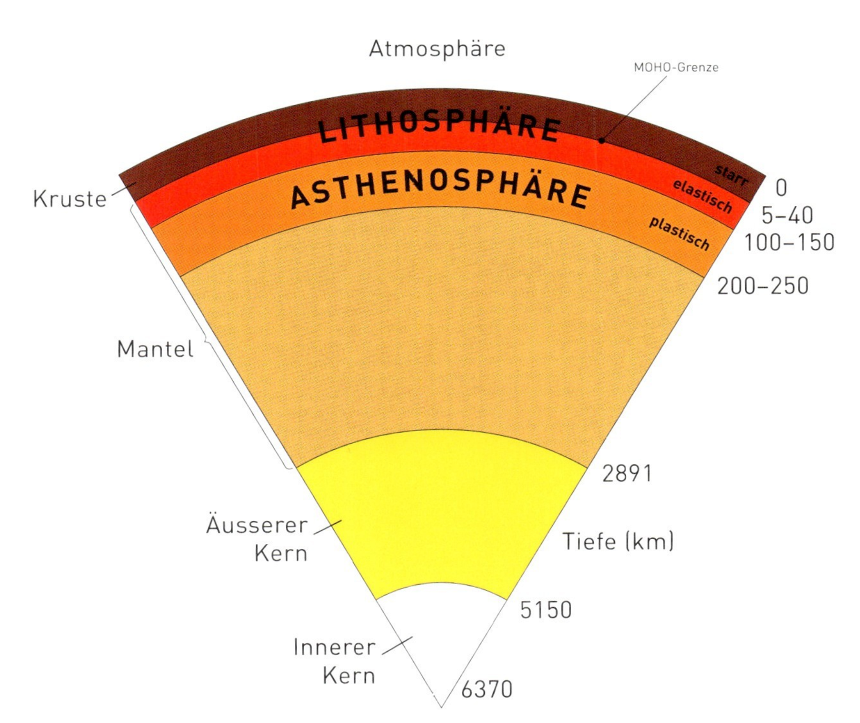

Abbildung 1.7: Schematischer Querschnitt durch die Erde. Die äussersten Schichten werden unterschieden
a nach der chemischen Zusammensetzung des Materials (der Gesteine) oder
b nach den physikalischen Eigenschaften des Materials (der starren bzw. elastischen Lithosphäre und der plastischen Asthenosphäre). Zur Erläuterung siehe Text im blauen Kasten.

2 Plattentektonik

2.1 NEUE THEORIE

Geologische Untersuchungen von Erdbeben, Gebirgen, Vulkanen und Ozeanböden haben in den späten 60er-Jahren des 20. Jahrhunderts zur umfassenden Theorie der Plattentektonik geführt. Demnach ist die gesamte Lithosphäre mosaikartig in 15 grosse und kleine Platten zerlegt, die sich relativ zueinander bewegen (bzw. voneinander entfernen). Fünf dieser Platten beinhalten Landmassen; es sind dies unsere fünf Kontinente, die deshalb auch Kontinentalplatten genannt werden.
Die Afrikanische Platte beispielsweise hat sich in den letzten 200 Millionen Jahren von der Südamerikanischen Platte wegbewegt. Dieser Umstand kann mit einem Blick auf die Weltkarte relativ gut nachvollzogen werden: Die Konturen der westlichen Kontinentflanke Afrikas passen füglich zu denjenigen der Ostküste Südamerikas!
Doch wer stösst eigentlich an diesen mächtigen Platten und bringt diese in Bewegung?

2.2 WÄRME – MOTOR DER PLATTENTEKTONIK

Die Gesteine in der äussersten Schicht der Erde (Erdkruste) sind Oberflächentemperaturen von durchschnittlich etwa 14° C ausgeliefert, mit Extremwerten von -70° C (z. B. Sibirien, Antarktis) bis +60° C (z. B. Wüste Sahara in Nordafrika).
Bedeutend heisser wird es nun, wenn wir uns dem Erdzentrum nähern. Die Temperaturen im Erdkern betragen rund 6'000° C. Diese gewaltige Temperaturdifferenz zwischen dem Erdkern und der Erdoberfläche führt zu Strömungsbewegungen (so genannter *Konvektion*) innerhalb des plastischen (aufgeschmolzenen) Bereichs des dazwischenliegenden Erdmantels.
Man kann sich dazu als Analogie auch ein Fondue-Caquelon mit dünnflüssigem, über dem Feuer stehendem Fondue-Käse vorstellen (Abbildung 2.1). Legt man nun Brotscheiben in das Fondue, so beginnen sich diese vom Zentrum gegen den Rand des Caquelons zu verschieben. Das Feuer unter dem Caquelon symbolisiert in unserem Vergleich mit der Erde den heissen Erdkern, die Brotscheiben die mobilen Lithosphärenplatten und der flüssige Käse den aufgeschmolzenen Bereich des Erdmantels.
Durch das Aufheizen der Käsemasse am Boden des Caquelons dehnt sich diese

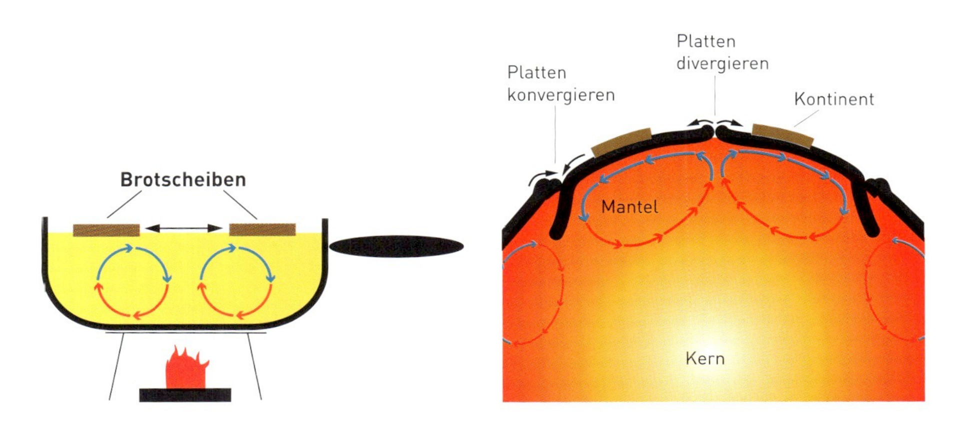

Abbildung 2.1: Konvektionsbewegungen
Links: Ein Beispiel liefert das Modell des Fondue-Caquelons.
Rechts: Dieser einfache Modellschnitt durch die Erde zeigt Konvektionsströmungen im Erdinnern, welche die treibende Kraft für die Plattenbewegungen sind.

aus, steigt als Folge davon an die Oberfläche auf und wird durch nachströmenden Käse gezwungen, an den Rand des Caquelons auszuweichen. Dabei kühlt sie sich am Kontakt zur Oberfläche bzw. unter den Brotscheiben schwach ab, verdichtet sich und sinkt wieder zu Boden, um den Kreislauf von neuem zu starten.
Je zähflüssiger (viskoser) das Material, desto langsamer laufen Konvektionsbewe-

gungen ab. Im Gegensatz zu den Strömungsbewegungen im Erdmantel erfolgt der Temperaturausgleich beispielsweise in einem Topf mit kochendem Wasser deshalb äusserst rasch (das kochende Wasser «brodelt»).
Die *Erdwärme* ist also letztlich die treibende Kraft für die relative Verschiebung der Platten. Die Geschwindigkeit der Plattenbewegungen an der Oberfläche ist mit dem Wachstum unserer Fingernägel vergleichbar und entspricht mehreren Zentimetern pro Jahr!

2.3 PLATTENGRENZEN – DEN GEBIRGEN, ERDBEBEN UND VULKANEN AUF DER SPUR

Wenn wir das Modell der Fondue-Konvektion nun auf die Erde übertragen, so bedeutet dies, dass Magma[2] vom Mantel zur Erdkruste aufsteigt, wobei ein Teil dieses Magmas unter der Lithosphäre seitlich abgedrängt wird (siehe schwarze, gebogene Pfeile in Abbildung 2.2 oben links), was die Plattenbewegungen zur Folge hat. Ein

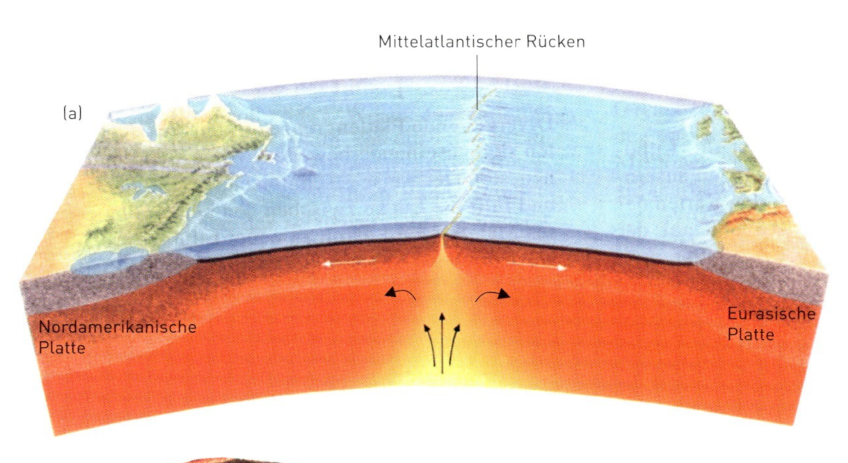

Abbildung 2.2:

Oben/links: Rifting-Zone im Atlantik, dem so genannten Mittelatlantischen Rücken. Strömungsbewegungen und aufsteigende Magmen führen zur Ausbildung einer Vulkankette und drängen die Nordamerikanische sowie die Eurasische Platte laufend auseinander.

Rechts: Vulkankette in der Region Lakagigar, Island. Vor rund 200 Jahren flossen an dieser Stelle riesige Mengen an basaltischen Laven aus, rund ein Fünftel der Bevölkerung Islands kam dabei ums Leben.

anderer Teil des Magmas dringt aber in die Lithosphäre ein und erstarrt dort wie folgt zu neuen Gesteinen: Einerseits füllt er den «Leerraum in der Lithosphäre» aus, der wegen der sich voneinander entfernenden Platten entstehen würde (siehe weisse Pfeile in Abbildung 2.2 oben links), andererseits durchdringt er die Lithosphäre vollständig und türmt sich auf dem Meeresboden zu Vulkanen auf, aus welchen neue Gesteine ausfliessen.
Leider befindet sich der allergrösste Teil dieser Zonen in den Ozeanböden (insbesondere in Atlantik und Pazifik), weshalb es erst in den letzten Jahrzehnten gelang, mit Hilfe moderner Forschungsgeräte diesem Phänomen auf die Spur zu kommen. Man nennt diese Gebiete auch *Rifting-Zonen* (rift = engl. «Spalten»).
Nur an ganz wenigen Stellen, beispielsweise in Island (Abbildung 2.2), kann die «Gesteinsgeburt» auch an der Erdoberfläche bestaunt werden.

[2] Gesteinsschmelze [magma = griech. «geknetete Masse»]

Das Magma an den Rifting-Zonen fördert spezifisch schwerere Elemente aus grösserer Tiefe zu Tage. Dies ist der Grund dafür, dass die *ozeanische Lithosphäre* aus spezifisch schweren Gesteinen – vorwiegend aus Basalten und Gabbros – besteht (Abbildung 2.2). Die Kruste der *kontinentalen Lithosphäre* ist hingegen angereichert an spezifisch leichteren Gesteinen wie beispielsweise Granite.
Als logische Konsequenz für das «Spreizen» der Platten an den Rifting-Zonen müssen sich nun Platten an anderen Stellen aufeinander zu bewegen. Dabei unterscheidet man zwei Szenarien:

1. **Aufeinanderprallen von ozeanischer und kontinentaler Lithosphäre:**
Besteht eine der beiden Platten aus ozeanischer Lithosphäre, so wird diese aufgrund der höheren Dichte ihrer Gesteine unter diejenige mit kontinentaler Zusammensetzung (= leichter) geschoben (z. B. Westküste der USA, Abbildung 2.4).
Dieser Vorgang des Abtauchens der Lithosphäre unter die kontinentalen Bereiche in die darunterliegende Asthenosphäre wird als *Subduktion (Verschluckung)* bezeichnet. Dabei werden die Gesteine in der Tiefe unter hohen Drucken und Temperaturen aufgeschmolzen und zurück in den Prozess der Konvektionsströmung gebracht. Teile der sich nun neu bildenden Magmen dringen allerdings in die darüberliegende kontinentale Lithosphäre ein und erstarren dort als *plutonische Gesteine* (z. B. Granite) in geringerer Tiefe oder werden durch Vulkane als *vulkanische Gesteine* (z. B. Bimsstein, Obsidian) an die Erdoberfläche geschleudert (Kapitel 4.1A).
Die riesige Ansammlung von Erdbeben sowie die teils aktiven vulkanischen Gebirgsketten rund um den Pazifik (Anden, Rocky Mountains, japanische, indonesische und philippinische Inselgebirge) konnten mit der Theorie der Subduktion umfassend erklärt werden: Durch das Abtauchen der Pazifischen Platte (bzw. Teilen davon) unter amerikanische sowie eurasische Plattenteile (Abbildung 2.5) verkeilen sich diese vorerst gegenseitig. Wird der zunehmende Druck gross genug, schieben sich die Gesteinspakete der pazifischen Plattenteile ruckartig unter diejenigen der amerikanischen bzw. eurasischen Plattenteile. Dieser Vorgang wird an der Erdoberfläche als Erschütterung wahrgenommen, man spricht von *Erdbeben.* Diese Subduktionsprozesse werden jeweils begleitet durch die Wiederbelebung von bestehenden oder die Entstehung von neuen, grossen Bruchzonen. Sofern sich diese Bruchzonen auf dem Meeresboden befinden und grössere Vertikalsprünge von einigen Metern auslösen, können gewaltige Seebeben und damit Seefluten (Tsunami) entstehen.

   Die Entstehung einer solchen Bruchzone im Golf von Bengalen (Nordteil des Indischen Ozeans mit der plattentektonisch aktiven Indisch-Australischen Platte) hat am 26. Dezember 2004 einen verheerenden Tsunami im Küstengebiet rund um den Indischen Ozean mit über 260'000 Opfern und vielerorts zerstörten Wohngebieten ausgelöst.

   Zur Vereinfachung kann man sich auch vorstellen, einen Kleiderschrank über den Fussboden zu stossen. Bei anfänglichem Drücken bewegt sich der Schrank zunächst nicht. Mit zunehmendem Schubdruck verschiebt er sich plötzlich ruckartig ein kleines Stück, wonach eine Druckentlastung stattfindet, was zur Folge hat, dass der Schrank wieder zum Stehen kommt. Bei ungeeignetem Fussboden mit starker Reibung wiederholt sich dieser Vorgang bei aufrecht erhaltenem Druck zyklisch.

Abbildung 2.3: Tsunami-Welle am 26. Dezember 2004 in Phuket, Thailand.

2. **Aufeinanderprallen von zwei kontinentalen Lithosphären:**
Bewegen sich hingegen zwei Platten mit jeweils kontinentaler Lithosphäre aufeinander zu, so kann die eine nicht unter die andere absinken. Die beiden Platten stossen zusammen *(Kollision)*, und die Lithosphären verkeilen sich. Schliesslich kommt es zu einer Verdickung der Krusten, wobei die Gesteine deformiert und zu neuen Gebirgen angehoben werden.
Die Gebirge, welche in den Alpen und im Himalaja so imposant einige Kilometer in den Himmel hochragen, sind dabei nur die «Spitzen der Eisberge». Wenn man bedenkt, dass die Lithosphären bei einer Plattenkollision auf bis zu 70 km Dicke anschwellen können (Himalaja), so ist selbst die Spitze des Mount Everest mit knapp 9 km über Meeresniveau noch bescheiden. Gebirge sind also vergleichbar mit Eisbergen, bei welchen nur etwa 10% der Gesamthöhe über die Wasseroberfläche ragen!

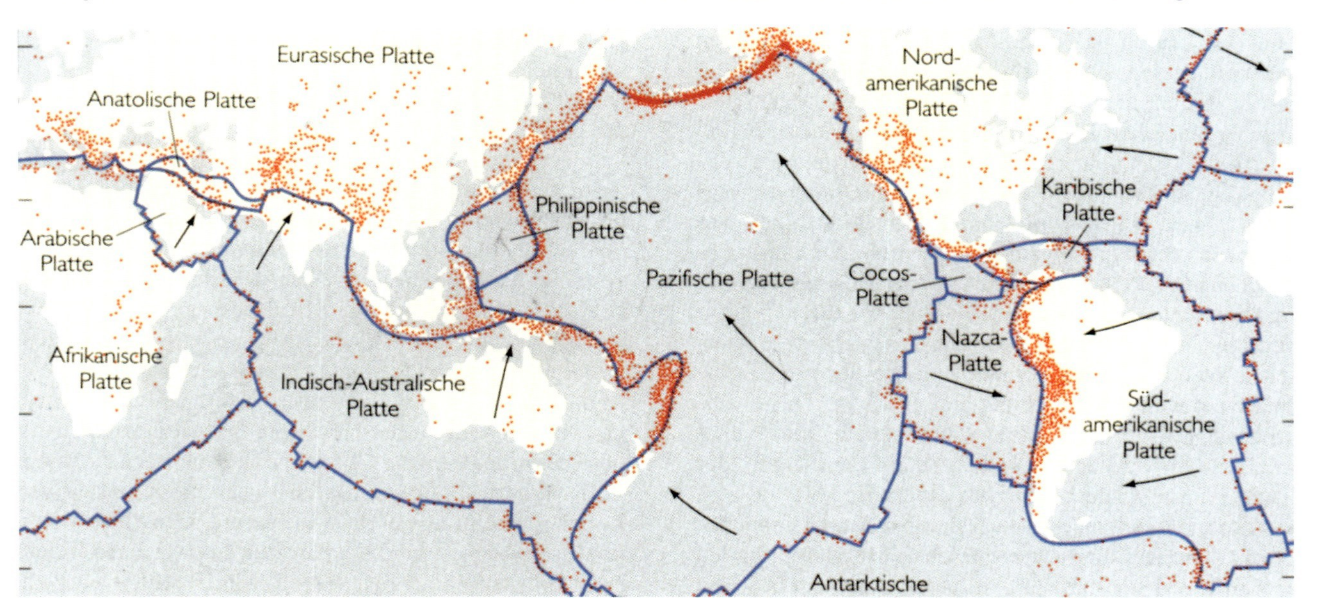

Abbildung 2.4: Plattentektonik: vereinfachte Karte der weltweiten Verteilung der Lithosphärenplatten. Rote Punkte: aktive Erdbeben- bzw. Vulkangebiete. Pfeile: Bewegungsrichtung der Platten.

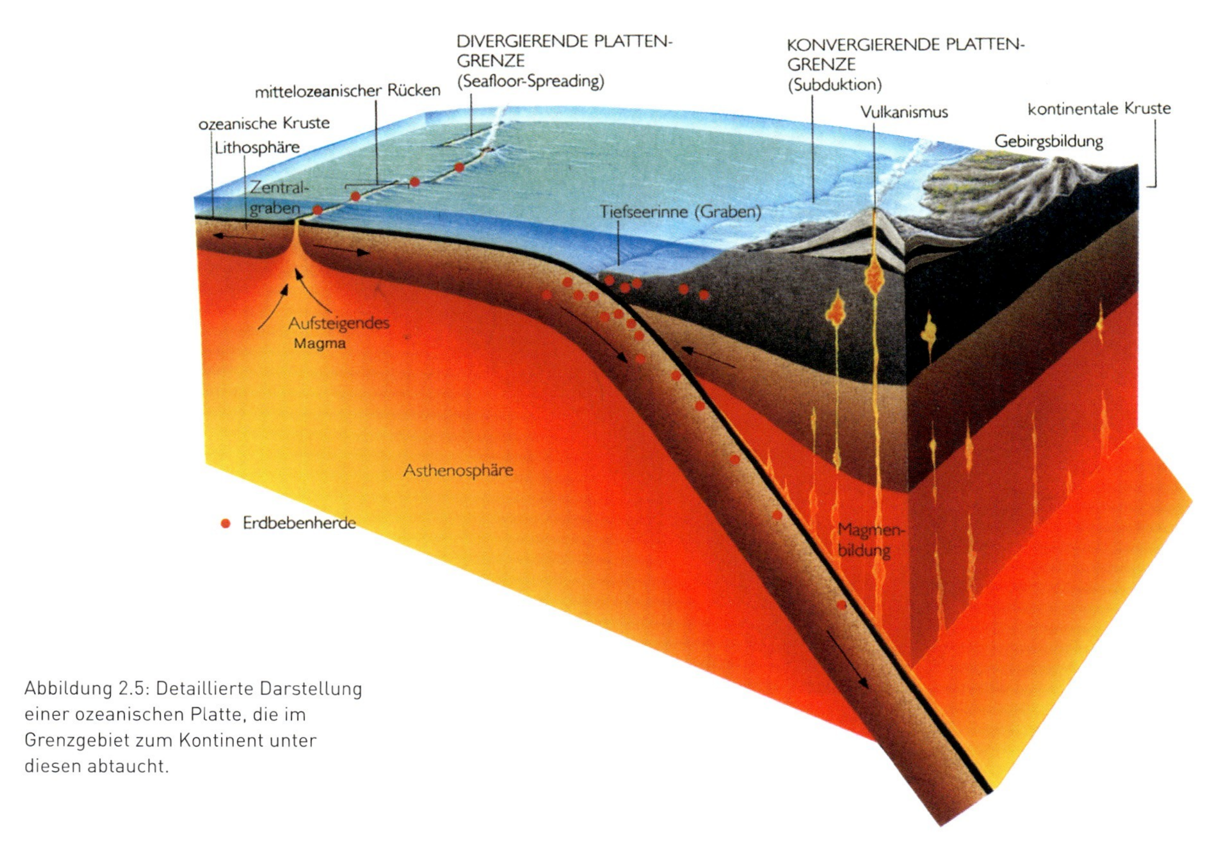

Abbildung 2.5: Detaillierte Darstellung einer ozeanischen Platte, die im Grenzgebiet zum Kontinent unter diesen abtaucht.

3 Mineralien

3.1 ENTSTEHUNG UND KLASSIERUNGEN

Seit Jahrhunderten üben Mineralien eine grosse Faszination auf die Menschen aus. Viele waren schon in der Antike bekannt. Bis heute sind mehr als 2'000 Mineralien wissenschaftlich untersucht worden, und noch immer werden neue entdeckt (Abbildung 3.1).

Abbildung 3.1: Beispiele von Mineralien, als schöne Kristalle ausgebildet.

Bergkristall (Morion)

Granat (Almandin)

Gips in Sandrose

Smaragdstufe

Disthen

3.1.A ENTSTEHUNG DER MINERALIEN

Mineralien entstehen

- bei der Aushärtung von erkaltenden Gesteinsschmelzen oder
- bei der Ausscheidung von Mineralien aus Lösungen (z.B. Kalzit) oder Gasphasen oder
- durch Umwandlung (Metamorphose) von bereits bestehenden Mineralien, wenn diese hohen Druck- und Temperatureinwirkungen unterworfen werden. Dabei kann der Umwandlungsprozess durch Zufuhr von neuen oder Abführen von bestehenden chemischen Elementen zusätzlich beeinflusst werden.

Mineralien sind damit natürliche und anorganische (siehe Seite 19) Bestandteile der Erdkruste. Sie setzen sich aus einer Kombination verschiedener Elemente[3] zusammen.

3.1.B KLASSIERUNG DER MINERALIEN NACH MINERALKLASSEN

Mineralien weisen je nach Art und Anzahl ihrer Elemente eine bestimmte chemische Zusammensetzung auf, die in einer chemischen Formel festgehalten wird. Wenn man nur die chemische Zusammensetzung (chemische Formel) verschiedener Mineralien näher betrachtet, so fällt auf, dass bestimmte Mineralien stets dieselben – oder zumindest sehr ähnlich zusammengesetzte – Basis-Elementkombinationen aufweisen. Diese werden ergänzt durch zusätzliche Elemente – unter

[3] Ist ein Metall [ausgenommen Leichtmetalle wie Aluminium (Al) oder Magnesium (Mg)] überwiegend am Aufbau des Minerals beteiligt, so handelt es sich um ein *metallisches Mineral (Erzmineral)*.

Umständen in verschiedener Anzahl. Damit weisen diese Mineralien insgesamt eine ähnliche chemische Zusammensetzung auf.

Beispiel: chemische Formel des Kalifeldspats: $KAlSi_3O_8$

chemische Formel des Albits: $NaAlSi_3O_8$

Die Basis-Elementkombination lautet hier $AlSi_3O_8$. Die ergänzenden Elemente sind K bzw. Na.

Derartige ähnliche chemische Zusammensetzungen fasst man zu Mineralklassen zusammen. Die beiden Mineralien im oben erwähnten Beispiel sind in der Mineralklasse der Silikate zusammengefasst.

Die nachfolgende Tabelle stellt die Mineralklassen, ihre besonderen Merkmale sowie bekannte Vertreter jeder Klasse vor.

Gold-Nuggets (~20 mm gross) von Obersaxen und aus der Lukmanierschlucht

Pyrit aus dem Furka Basistunnel, Ronco-Fenster

Steinsalz

Quarz aus dem Maderanertal

Kalzitkristalle aus dem Gonzenbergwerk

Gipsrose von Moutier

Orthoklas (Feldspat) aus Oero Co. New Mexico, USA

Mineralklasse Besondere Merkmale	**Vertreter**	**Elemente** Chem. Formel
Elemente Verbindungen, bei denen nur ein Element am Aufbau beteiligt ist.	Schwefel Gold Silber Diamant Graphit	(S) (Au) (Ag) (C) (C)
Sulfide Verbindungen von Metallen mit Schwefel (S).	Pyrit Bleiglanz Zinkblende	(FeS_2) (PbS) (ZnS)
Halogenide Verbindungen von Metallen mit Halogenen (Chlor [Cl], Fluor [F] etc.).	Steinsalz Kalisalz (Sylvin)	(NaCl) (KCl)
Oxide und Hydroxide Verbindungen von Wasserstoff (H) oder Metallen (z. B. Al) mit Sauerstoff (O) oder (H_2O)-Verbindungen.	Quarz Eis/Wasser Korund Limonit Hämatit	(SiO_2) (H_2O) (Al_2O_3) ($Fe_2O_3 \cdot H_2O$) (Fe_2O_3)
Karbonate Verbindungen von Kalzium (Ca) oder Magnesium (Mg) mit Karbonat (CO_3)-Verbindungen.	Kalzit Dolomit	($CaCO_3$) ($CaMg\,[CO_3]_2$)
Sulfate Verbindungen von Kalzium (Ca) mit Sulfat (SO_4)-Verbindungen.	Gips Anhydrit	($CaSO_4 \cdot 2H_2O$) ($CaSO_4$)
Silikate und Alumosilikate Verbindungen von Metallen mit Silikat (SiO_4)- oder Alumosilikat $AlO_4 \cdot SiO_4$)-Verbindungen.	Pyroxen Kalifeldspat Olivin Biotit Muskovit Granat Serpentin	($[Fe,Ti,Mg,Mn,Na,Al]_2\,[Si_2O_6]$) ($K[AlSi_3O_8]$) ($[Mg,Fe]\,SiO_4$) ($K(Mg,Fe)_3[AlSi_3O_{10}]\,[OH]_2$) ($Al_2[AlSi_3O_{10}]\,[OH]_2$) ($[Mg,Fe,Mn,Ca]_3\,[Al,Cr]_2\,Si_3O_{12}$) ($Mg_6[OH]_8\,Si_4O_{10}$)

Tabelle 3.2: Mineralklassen und ihre wichtigsten Vertreter (Auswahl).

3.1.C KLASSIERUNG DER MINERALIEN NACH KRISTALLSYSTEMEN

Bei ihrer Entstehung aus der Gesteinsschmelze können Mineralien

- als amorphe (strukturlose) Substanzen erstarren oder
- auskristallisieren (die Auskristallisation erfolgt stets in einer Kristallgitterart, welche ihrerseits von der Art und Anzahl der Elemente abhängt).

Die Erstarrung von Mineralien zu amorphen Substanzen erfolgt in der Regel über der Erdoberfläche, wo die Gesteinsschmelzen aufgrund ihrer raschen Abkühlung eine eigentliche Kristallbildung nicht (oder nur kaum) ermöglichen. Eine solche beansprucht nämlich einen langen Zeitraum.

Die Auskristallisation der Gesteinsschmelzen zu Mineralien mit Kristallgittern erfolgt demgegenüber in einer grossen unterirdischen Kammer, wo die Temperatur der Schmelze lange genug erhalten bleibt, um das langsame Kristallwachstum zu ermöglichen. Dort ist aber das zur Verfügung stehende Volumen für ihr Wachstum indessen begrenzt, weil in dieser Kammer nun verschiedene sich bildende Mineralien ihren eigenen Platz beanspruchen. Wachstum und Auskristallisation eines jeden Minerals endet somit am Stoss zum nächsten sich bildenden Mineral. Deshalb können Mineralien selten ihre vollständige Kristallform ausbilden. Nur in Hohlräumen (Spalten, Rissen und Klüften) können Mineralien ihre vollständige Kristallform ausbilden, man nennt diese Mineralien denn auch *Kristalle*.

Beispiele von Mineralien und Nichtmineralien

Kalzit	Anorganische, kristallisierte Substanz	Mineral
Opal	Natürliche amorphe Substanz	Mineral
Zucker	Organische, kristallisierte Substanz	Nichtmineral
Fensterglas	Künstliche amorphe Substanz	Nichtmineral

Tabelle 3.3: Die Tabelle zeigt auf, dass die traditionelle Bezeichnung «Kristallglas» falsch ist, da Glas gar kein Mineral – also auch kein Kristall ist.

Ein Kristall wächst ähnlich wie ein Bauklötzchenmodell durch Aneinandersetzen kleiner identischer Teilchen. Dabei dürfen im Idealfall keine Hohlräume entstehen. Aufgrund raumgeometrischer Gesetze gibt es nur sieben verschiedene geometrische Grundformen, die einen solchen hohlraumfreien Aufbau eines Kristalls erlauben. Diese werden auch *Kristallsysteme* genannt.

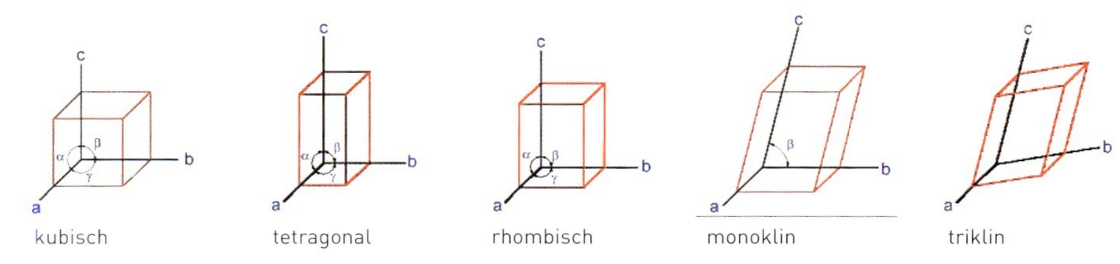

Abbildung 3.4: Die 7 Kristallsysteme der Mineralien mit den jeweiligen Raumachsen a, b und c.

3.1.D KLASSIERUNG DER MINERALIEN NACH IHREN EIGENSCHAFTEN

Die chemische Zusammensetzung der Mineralien sowie ihre vorgegebene Kristallstruktur führen zu verschiedenen charakteristischen Eigenschaften der Mineralien wie Härte, Dichte, optische Eigenschaften (Farbe, Glanz) oder Spaltbarkeit. Die Bestimmung der Mineralien erfolgt durch die Prüfung dieser Eigenschaften.

Für die natursteinverarbeitende Branche ist zusätzlich die *Resistenz der Mineralien gegen Säuren, Basen (Laugen) oder Lösungsmittel* von Bedeutung (siehe nachfolgende Ausführungen).

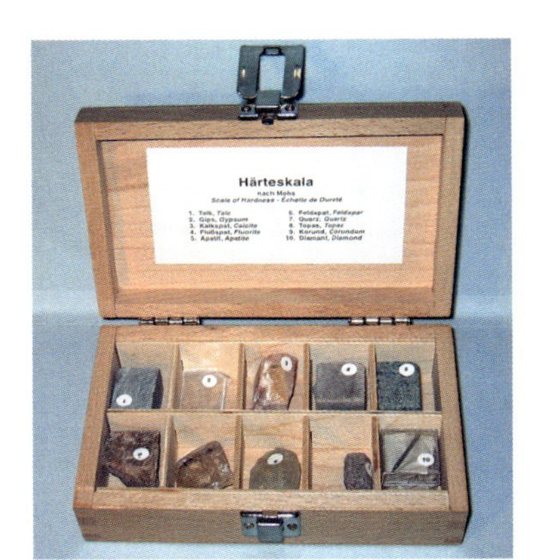

Abbildung 3.5: die Mohs'sche Härteskala mit den zehn Mineralien.

Härte

Für die Härte sind die Bindungen zwischen den Atomen eines Minerals entscheidend. Der österreichische Mineraloge Friedrich *Mohs* schlug 1812 eine Bestimmungsskala vor, die noch heute als internationaler Standard verwendet wird.
Danach werden die Mineralien in insgesamt 10 Härtegrade eingeteilt (*Mohs'sche Härteskala*). Dabei ordnete man die Mineralien wie folgt: Dasjenige mit der höheren Nummer ritzt stets ein solches mit der darunterliegenden Nummer.
Liegt nun ein unbekanntes Mineral vor, so kann man seine Härte nach dem Ausscheidungsprinzip festlegen: Es weist diejenige Härte auf, die das nächstunterliegende noch zu ritzen vermag und vom nächsthöheren seinerseits geritzt werden kann.

Härte	Mineral	Behelfsregel
H1:	Talk	
H2:	Gips	kann mit Fingernagel geritzt werden
H3:	Kalkspat	
H4:	Flussspat	kann mit Taschenmesserklinge geritzt werden
H5:	Apatit	
H6:	Feldspat	
H7:	Quarz	ritzt Fensterglas und Taschenmesserklinge
H8:	Topas	
H9:	Korund	
H10:	Diamant	

Dichte

Die Dichte oder das spezifische Gewicht eines Minerals ist das Verhältnis der Masse des Minerals zur Masse des gleichen Volumens Wasser. Je schwerer die Atome in einem Mineral bzw. je dichter sie gepackt sind, desto höher ist dessen spezifisches Gewicht. Jedes Mineral hat sein ganz bestimmtes spezifisches Gewicht.

Abbildung 3.6: typischer Perlmutterglanz des Minerals Labradorit.

Optische Eigenschaften (Farbe/Glanz)

Wenn Licht durch einen Kristall fällt, findet eine Vielzahl von optischen Effekten statt. Aufgrund der Brechung und der Filterung des Lichts im Kristallinnern entstehen ganz bestimmte Farbbilder, die für jedes durchscheinende Mineral typisch sind. Diese Farbeffekte kann man im Mikroskop – unterstützt durch spezielle Filter – zur Bestimmung der Mineralien nutzen.
Das Licht wird aber auch an der Oberfläche des Minerals gebrochen, und durch den Spiegelungseffekt entsteht ein ganz bestimmter Glanz, der für bestimmte Mineralien ganz typisch ist. Als eindrückliches Beispiel sei der Perlmutterglanz des Minerals Labrador erwähnt.

Abbildung 3.7: In diesem zerschlagenen Kalzitmineral sind die Spaltflächen sehr gut erkennbar.

Spaltbarkeit

Viele Mineralien spalten sich entlang bestimmter Flächen. Diese Flächen werden deshalb Spaltflächen genannt und sind charakteristisch für jede Mineralart. Die Spaltung erfolgt an denjenigen Flächen, an denen die inneren Kräfte des Kristalls schwach sind. Manche Mineralien zeigen eine sehr ausgeprägte Spaltbarkeit, z. B. der Glimmer oder der Kalkspat. In der Regel verlaufen die Spaltflächen parallel zur geometrischen Form des Kristallsystems, zu welchem das entsprechende Mineral gehört.
Andere Mineralien wie etwa der Quarz lassen sich überhaupt nicht spalten. Die Kräfte im Innern wirken in alle Richtungen gleich stark. Quarz bricht deshalb völlig uneben – man spricht von einem «muscheligen» Bruch.

Abbildung 3.8: Achat mit muscheligem Bruch.

Resistenz der Mineralien gegen Säuren, Basen (Laugen) oder Lösungsmittel
Grundsätzlich sind die in der Natur – und damit auch im Naturstein – vorkommenden Mineralien unter normalen klimatischen und atmosphärischen Bedingungen stabil, d.h. sie verändern sich nicht. Ausgenommen sind einige wenige Mineralien (wie z.B. Salze), die durch bestimmte chemische Prozesse beeinträchtigt werden können.

Säuren, Basen und pH-Wert:
Flüssigkeiten, welche Ionen-Verbindungen[4] (H_3O^+) enthalten, können ätzend bzw. aggressiv auf andere Stoffe einwirken. Die Konzentration dieser Hydronium-Ionen wird im so genannten pH-Wert festgehalten. Reinem Wasser, welches nicht aggressiv wirkt, wird der pH-Wert 7 (= neutral) zugeordnet. Je kleiner der pH-Wert ist (z.B. pH 3), desto saurer ist die Lösung, je höher dieser liegt (z. B. pH 8), umso alkalischer (basischer) ist die Flüssigkeit.

Wirkung von Säuren
Salzsäure
Kalzit reagiert bei Zugabe von verdünnter Salzsäure durch heftiges Brausen.

Chemischer Prozess:

Salzsäure:

$CaCO_3$	+	2 HCl	í	$CaCl_2$	+	H_2O	+	CO_2
Kalzit		Salzsäure	í	Kalziumchlorid		Wasser		Kohlendioxyd
				(= Salzverbindung)				*(= entweichendes Gas)*

Eine Vielzahl von Mineralien, welche in ihrer chemischen Formel Kalzium (Ca) aufweisen, können ebenfalls durch Salzsäure (oder säurehaltige Lösungen) angegriffen werden (siehe *Feldspäte*).

Bei der Verbrennung von fossilen Brennstoffen (Kohle, Erdöl, Erdgas) oder durch Gasbildung bei aktiven Vulkanen entstehen Schwefeldioxyd (SO_2) und Kohlendioxyd (CO_2), welche in unsere Atmosphäre entweichen. Verbinden sich diese Stoffe dort mit Wasser, entstehen daraus Schwefelsäure (H_2SO_4) bzw. Kohlensäure (H_2CO_3), welche in der Folge als «saurer Regen» die Erdoberfläche erreichen und den Kalzit in Kalkgesteinen bzw. kalkhaltigen Gesteinen angreifen und zersetzen. Schwefelsäure hat die Zersetzung von Kalzit zu Gips, Kohlensäure die Zersetzung zu Kalzium- und Hydrogenkarbonat-Ionen zur Folge.

Chemische Prozesse:

Schwefelsäure (Sulfatausblühung):

1. Schritt:	SO_2	+	H_2O	+	O_2	í	H_2SO_4				
	Schwefeldioxid		Wasser		Sauerstoff	í	Schwefelsäure				
2. Schritt:	$CaCO_3$	+	H_2SO_4			í	$CaSO_4$	+	CO_2	+	H_2O
	Kalzit		Schwefelsäure			í	Kalziumsulfat		Kohlendioxyd		Wasser
3. Schritt:	$CaSO_4$	+	$2 H_2O$			í	$CaSO_4 \cdot 2 H_2O$				
	Kalziumsulfat		Wasser			í	Gips				

Kohlensäure (= Kohendioxyd):

1. Schritt:	CO_2	+	H_2O	í	H_2CO_3		
	Kohlendioxyd		Wasser	í	Kohlensäure		
2. Schritt:	$CaCO_3$	+	H_2CO_3	í	Ca	+	$2 HCO_3$
	Kalzit		Kohlensäure	í	Kalzium-Ion		Hydrogen-Karbonat-Ion

[4] Ion = Atom oder Molekül, das Elektronen aufgenommen oder abgegeben hat und infolge der entstehenden positiven bzw. negativen Ladung über starke Anziehungskräfte verfügt.

Der saure Regen ist die Ursache für die Zerstörung vieler historischer Baudenkmäler:

Abbildung 3.9: Sandsteinornament (Schiesslöcher) in historischem Gebäude (70 Jahre Zeitunterschied): **Links:** Zustand mit erkennbaren Reliefs. **Rechts:** Zustand mit weitgehend zerstörten Reliefs

Wirkung von Basen (Laugen)
Basen (Laugen) sind komplexe chemische Verbindungen, welche unter Beifügung von Wasser Hydroxyl-Ionen bilden [so genannte Sauerstoff-Wasserstoff-Gruppen (OH^-)]. Durch OH^--Gruppen angereicherte Basen werden vorab für Reinigungszwecke eingesetzt. Sie vermögen Öle und Fette effizient zu lösen.
Sie wirken in der Regel bis zum pH-Wert 10 für Mineralien nicht beeinträchtigend. Erst ab höheren pH-Werten können diese Basen kalziumhaltige (Ca) Mineralien angreifen und zersetzen.

Wirkung von Lösungsmitteln
Gewisse Substanzen wie Farben, Mörtel, Zemente, Fugenmaterialien, Reparaturkitte oder Reinigungsmittel können nur dann wirksam eingesetzt werden, wenn sie vorerst mit einem Lösungsmittel (meistens auf Alkoholbasis) versetzt werden. Dieses verflüchtigt sich, und die Substanzen können danach ihre vorgesehene Wirkung entfalten. Die meisten organischen und anorganischen Lösungsmittel vermögen Mineralien nicht anzugreifen.

3.2 DIE WICHTIGSTEN MINERALIEN

In diesem Kapitel werden lediglich die für die natursteinverarbeitenden Berufe bedeutenden gesteinsbildenden Mineralien in alphabetischer Reihenfolge erwähnt. Rot hervorgehoben sind ihre wichtigsten Vertreter. Wer sich vertieft mit der faszinierenden Welt der Mineralien befassen möchte, kann auf eine Vielzahl von Büchern, Taschenbüchern, Nachschlagewerken oder auf die Website *www.mineralienatlas.de/index.php* zurückgreifen.

Achat

ACHAT
SiO_2
Es handelt sich um feinfaserige Aggregate von Quarz, die ursprünglich in nichtkristalliner Form erhärtet sind (Opal) und später dann zum eigentlichen Achat umkristallisiert wurden. Achat ist in seinem Erscheinungsbild sehr auffällig: Er weist meist rundliche bis traubige Formen mit einer deutlichen Bänderung und Wandungen auf. Wenn färbende Substanzen bei der Mineralbildung eindringen konnten und diese den Achat bunt kolorieren, spricht man von *Onyx*.

Farbe:	weiss bis bunt gefärbt
Härte:	7
Bruch:	splitterig-muschelig
Polierbarkeit:	sehr gut
Vorkommen:	in vulkanischen Gesteinen

ALABASTER

$CaSO_4 \cdot 2H_2O$

Alabaster ist ein stark verfestigter Gips, der gegebenenfalls durch Druck- und Temperatureinwirkung zusätzlich erhärtet wurde.

Farbe:	weiss, gelblich, ocker
Härte:	2
Bruch:	spröde
Polierbarkeit:	schlecht
Vorkommen:	in gipshaltigen Gesteinsvorkommen

Alabaster

AMPHIBOL

siehe Hornblende

ANHYDRIT

siehe Gips

AUGIT

siehe Pyroxen

BIOTIT

siehe Glimmer

BRAUNEISENSTEIN

siehe metallische Mineralien

CHLORIT

$(Mg,Fe)_5 \cdot Al(Si_3Al)O_{10} \cdot (OH)_8$

Blätteriges oder schuppiges Mineral, welches als Aggregatkomplex in Gesteinen vorkommt. Chlorit entsteht anlässlich von Druck- und Temperatureinwirkung aus Biotiten oder Hornblenden. Es ist damit ein typischer Indikator für Gesteine, die einen Veränderungsprozess nach ihrer ersten Entstehung erfahren haben. Das Mineral verleiht dem Gestein stets eine dunkel- bis mittelgrüne Farbgebung.

Farbe:	graugrün, grasgrün, grauschwarz
Härte:	1–3
Bruch:	gut spaltbar
Polierbarkeit:	schlecht
Vorkommen:	in metamorphen Gesteinen, vorab kristallinen Schiefern

Chlorit

DOLOMIT

$Ca,Mg\ (CO_3)_2$

Der Dolomit ist für die natursteinverarbeitende Industrie nicht von grosser Bedeutung. Es handelt sich um einen gewöhnlichen Kalzit, welcher im Kristallgitter Magnesiumelemente (Mg) eingebaut hat. Der Magnesiumgehalt hat zur Folge, dass das Mineral Dolomit im Gegensatz zum Kalzit nur mit Salzsäure in höherer Konzentration reagiert. Optisch wird Dolomit deshalb gerne mit Kalzit verwechselt.

Farbe:	weiss, hellgelblich, hellbraun
Härte:	3,4–4
Bruch:	gut spaltbar in mehreren Richtungen
Polierbarkeit:	gut
Vorkommen:	in Sedimentgesteinen

Dolomit

EISENGLANZ

siehe metallische Mineralien

EISENKIES

siehe metallische Mineralien

ERZMINERALIEN

siehe metallische Mineralien

Weisser Plagioklas

Roter Kalifeldspat

FELDSPÄTE

(K,Na,Ca) ($Al_xSi_yO_z$)

Die häufigsten Mineralien der Erdkruste gehören der so genannten Feldspat-Gruppe an. Die Kenntnis der verschiedenen Feldspäte ist auch deshalb sehr wichtig, weil sich die Benennung einiger Gesteinstypen danach richtet.

Die Feldspäte weisen einen ganz speziellen Chemismus auf: Drei Grund-Elemente (Komponenten), nämlich Aluminium (Al), Silizium (Si) und Sauerstoff (O) bauen einen gemeinsamen Kristall auf. Dieser Basiskristall wird durch untereinander mischbare Elemente Kalium (K), Natrium (Na) oder Kalzium (Ca) ergänzt, womit – je nach Mischanordnung – ein anderer Feldspat mit anderen Eigenschaften entsteht. Man spricht von einer so genannten Mischreihe.

Die eine Mischreihe bilden die rötlichen **Alkalifeldspäte** zwischen dem Kalifeldspat (Orthoklas) und dem Natriumfeldspat (Albit). Dabei werden die Elemente Na bzw. K ausgetauscht. Die andere Mischreihe bilden die weissen **Plagioklase** zwischen dem Natriumfeldspat (Albit) und dem Kalziumfeldspat (Anorthit), wobei Na und Ca ausgetauscht werden. Der in dieser Mischreihe auftretende Labradorit ist zugleich auch namengebend für das gleichnamige Gestein, welches vorwiegend aus diesem grau-grün-blauen Mineral mit auffälligem Perlmutterglanz aufgebaut ist. Ist im Magma (bzw. in der Restschmelze) nicht mehr ausreichend Silizium vorhanden, entstehen siliziumarme Kalium-, Natrium- oder Kalziummineralien (so genannte Feldspatvertreter = Foide). Die Feldspäte sind chemisch ziemlich stabil und werden nur bei hohen Temperaturen von Säuren angegriffen.

Für die Natursteinbranche von Bedeutung:
Welche Bedeutung die Austauschbarkeit der Elemente Kalzium (Ca) und Natrium (Na), die nur unter dem Mikroskop oder mittels chemischer Prüfverfahren ermittelbar ist, zur Folge haben kann, zeigt sich im praktischen Alltag der natursteinverarbeitenden Betriebe: Wird ein Gestein beispielsweise für eine Küchenabdeckung hergestellt, welches Ca-haltige Feldspäte beinhaltet, so ist dieses Gestein nicht mehr säureresistent. Mineralwasser, Fruchtsäfte oder saure Reinigungsmittel greifen das Element Kalzium (Ca) an und zersetzen es. Als Folge davon resultieren «beschädigte» Feldspäte, was optisch als hässliche Flecken auf dem Naturstein wahrgenommen wird.

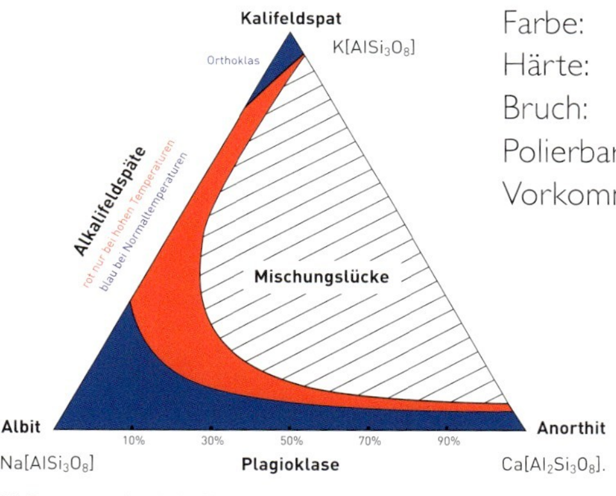

Abbildung 3.10: Die Zusammensetzung der Feldspäte: Drei Endglieder, der Kalium-, Natrium- sowie Kalzium-Feldspat, definieren zwei Mischreihen, die Alkalifeldspäte sowie die Plagioklase.

Farbe:	farblos, weiss, rötlich, grau, grünlich
Härte:	6
Bruch:	gut spaltbar in zwei Richtungen
Polierbarkeit:	gut
Vorkommen:	magmatische und metamorphe Gesteine

FELDSPATVERTRETER

siehe Feldspäte

Synonym: Foide

FOIDE

siehe Feldspäte

Synonym: Feldspatvertreter

GIPS

$CaSO_4 \cdot 2H_2O$

Gips

Gips ist ein weit verbreitetes Mineral, welches bei der Sedimentbildung in Lagunen dann entstehen kann, wenn sulfathaltige Lösungen (SO_4) in ausreichendem Masse vorhanden sind und es aufgrund besonderer Klimaverhältnisse zur Evaporation (Verdunstung) kommt. Gips bildet im Sediment im Gegensatz zu erst später auskristallisierenden Mineralien schon frühzeitig ausgeprägte Kristalle in dicktafeliger Form. Die Entstehung von Gips wird meistens auch von Salzbildung begleitet. Geraten gipshaltige Gesteine anlässlich von Gebirgsbildungsprozessen unter Druck und Temperatur, kann das in der chemischen Formel des Gipses eingebundene Wasser «ausgepresst» werden, womit wasserloser Gips entsteht; man spricht dann vom Mineral *Anhydrit* ($CaSO_4$). Dieser Prozess ist umkehrbar, dass heisst, dass Anhydritlagerstätten durch Wasseraufnahme ihren Anhydrit unter Volumenzunahme (Probleme beim Tunnelbau!) wieder zu Gips überführen. Gerät Gips indessen unter weit höhere Druck- und Temperaturbedingungen, kann sich dieser stark verfestigen und zu Alabaster (siehe Alabaster) umwandeln.

Farbe:	weiss, bisweilen glasig-transparent
Härte:	2
Bruch:	spröde, nicht spaltbar
Polierbarkeit:	nicht polierbar
Vorkommen:	in Sedimentgesteinen

GLAUKONIT

$(K,Na)(Fe,Al,Mg)_2 \cdot [(OH)_2|(Si,Al)_4O_{10}]$

Glaukonit

Beim Glaukonit handelt es sich um ein Mineral, welches im noch unverfestigten Sedimentschlamm (Kalksteine, Sandsteine, Muschelkalke) im Meer (vorab im Küsten- und Schelfbereich) aggregatförmig auskristallisiert. Glaukonit ist damit Indikator für marin gebildete Kalk- oder Sandsteine. Die glaukonithaltigen Sedimente weisen augenfällig isolierte hell- bis dunkelgrünliche oder gelbliche Kornaggregate dieses Minerals auf. Der Eisengehalt (Fe) im Glaukonit kann in verarbeiteten Natursteinplatten, die im Aussenbereich versetzt wurden, zu Rostbildung führen (so genannten «Rostschnäutzen»).

Farbe:	graugrün, gelbgrün bis grauschwarz
Härte:	2
Bruch:	gut spaltbar
Polierbarkeit:	schlecht
Vorkommen:	in Sedimentgesteinen

GLIMMER

$(K,Al_x,Mg_y)\ (F,OH)_2\ (AlSi_3O_{10})$

Biotit

Feinblätterig ausgebildetes, biegsames, weiches Mineral mit vorzüglicher Spaltbarkeit parallel zur Blattstruktur. Auffällig ist der Glanz. Das Mineral erscheint im Gestein in der Regel als schuppiges Aggregat. Die dunkle (schwarze bis braunschwarze) Varietät wird Biotit, die helle bis hellsilbrige Varietät als *Muskovit* bezeichnet. Gerät Muskovit unter Druck, beispielsweise anlässlich von Gebirgsbildungsprozessen, und wandelt sich dieser in eine feinschuppige, dann oft seidenglänzige Varietät um, spricht man von Serizit. Eine weitere Glimmervariatät ist der grünliche Phengit, der in grünen Gneisen vorkommt.

Für die Natursteinbranche von Bedeutung:
Bei der industriellen Politur von Natursteinplatten können Glimmer oder Teile davon aus dem Gesteinsverbund herausfallen (die Natursteinplatte wirkt dann wie «angelöchert»).

Muskovit

Farbe:	Biotit: schwarz bis braunschwarz Muskovit: hell, hellsilbrig
Härte:	2,5
Bruch:	gut spaltbar in einer Richtung
Polierbarkeit:	schlecht
Vorkommen:	in magmatischen und metamorphen Gesteinen

Granat

GRANAT

$(Fe,Ca,Mg)_x \cdot Al_2(SiO_4)_3$

Granat ist ein Sammelbegriff für eine Gruppe verschiedener Silikatmineralien, auf die hier nicht speziell eingegangen wird. Es handelt sich um ein kompaktes, extrem hartes Mineral, welches meistens im mm- oder cm-Grösse im Gestein isoliert vorkommt. Alle Granate fallen einerseits durch ihre streng kubische Form auf, die das Mineral im Gestein wie ein an verschiedenen Stellen abgekanteter kleiner Fussball erscheinen lässt. Es verleiht dem Gestein andererseits durch seine intensive Farbgebung ein auffälliges Erscheinen.

Für die Natursteinbranche von Bedeutung:
Granat wird in der natursteinverarbeitenden Industrie als Abrasivzusatz verwendet (Wasserstrahlschneidanlagen/Waterjet/Sandstrahlen ohne Silikosegefahr).

Farbe:	rot, rot- bis dunkelbraun, graugrün
Härte:	7,5–8
Bruch:	gut spaltbar
Polierbarkeit:	gut
Vorkommen:	in metamorphen Gesteinen, vorab kristallinen Schiefern

HALIT

siehe Steinsalz

HÄMATIT

siehe metallische Mineralien

Hornblende

HORNBLENDE

$Ca_2(Fe^{2+},Mg)_4 \cdot Al(Si_7Al) \cdot O_{22}(OH,F)_2$

Hornblende ist der wichtigste Vertreter der Mineraliengruppe der *Amphibole*. Die Hornblende fällt in Gesteinen durch ihre dunkelgrüne bis schwarze Farbe mit metallisch-mattem Glanz und meistens durch stängelige, sechseckige oder gefächerte Aggregate auf.

Farbe:	dunkelgrün bis schwarz
Härte:	5–6
Bruch:	gut spaltbar
Polierbarkeit:	gut (Ausnahme siehe Text oben)
Vorkommen:	in Tiefengesteinen (Syenite/Diorite)

Für die Natursteinbranche von Bedeutung:
Hornblenden können durch Gebirgsbildungsprozesse (Druck) manchmal in eine blätterige Struktur umgewandelt werden, womit sie die Polierbarkeit verlieren und anlässlich der industriellen Politur sogar aus dem Gestein herausfallen können (die Natursteinplatte wirkt dann wie «angelöchert»).

KALZIT

Synonyme: Kalkspat/Kalk

$CaCO_3$

Kalzit ist ein wichtiges gesteinsbildendes Mineral in Sedimentgesteinen. Es bildet sich im Wasser aus karbonathaltigen Lösungen durch Auskristallisation oder findet sich als chemischer «Bauteil» in Skeletten oder Schalen abgestorbener Meeres-

oder Süsswasserlebewesen. Tritt stark kalkhaltiges Wasser bei einer Quelle aus, kann der im Wasser im Überschuss vorhandene Kalk aufgrund von Temperaturerhöhung und Druckentlastung des Wassers beim Quellmund sofort ausscheiden, was zur Bildung von Kalktuff bzw. des gebänderten Kalkgesteins *Travertin* führt.
Je nachdem, wie rasch Kalzit auskristallisieren konnte bzw. wie viel Platz zur Ausbildung von Kristallen zur Verfügung stand, finden sich Kalzite von feinster Körnung bis hin zu grobkörnigen Kristallen mit rhomboedrischer Kristallform.

Kalzit

Für die Natursteinbranche von Bedeutung:
Kalzit reagiert bei Zugabe von verdünnter Salzsäure durch heftiges Brausen. Folgender chemischer Prozess findet dabei statt:

$CaCO_3$	+	2 HCl	í	$CaCl_2$	+	H_2O	+	CO_2
Kalzit		Salzsäure	í	Kalziumchlorid		Wasser		Kohlendioxyd
				(= Salzverbindung)				*(= entweichendes Gas)*

Massgebend aus Kalzit aufgebaute Natursteine sind deshalb nicht säureresistent. Mineralwasser, Fruchtsäfte oder saure Reinigungsmittel greifen den Kalzit an und zersetzen diesen. Als Folge davon resultieren «beschädigte» Kalzite, was optisch als hässliche Flecken auf dem Naturstein wahrgenommen wird. Die «Flecken» sind effektiv die optisch wahrnehmbaren angeätzten Kalzite und – soweit nicht entfernt – der Rückstand der Salzverbindung Kalziumchlorid.

Farbe:	leicht glasig-transparent, weiss, gelblich
Härte:	3
Bruch:	gut spaltbar
Polierbarkeit:	gut
Vorkommen:	in Sedimentgesteinen sowie in Bindemitteln von Sandsteinen und Kalksteinen

KALKSPAT
siehe Kalzit

KATZENGOLD
Synonym: Pyrit
siehe metallische Mineralien

LABRADORIT
siehe Feldspäte

LIMONIT
siehe metallische Mineralien

MAGNETIT
siehe metallische Mineralien

MAGNETEISENSTEIN
siehe metallische Mineralien

METALLISCHE MINERALIEN
Synonym: Erzmineralien

In der chemischen Formel von Mineralien können oft metallische Elemente vorkommen. Dazu gehört vorab das Element Eisen (Fe). Ist der Gehalt an metallischen Elementen überwiegend, spricht man von Erzmineralien. Nicht zu den Erzmineralien gehören Mineralien mit Beimengungen von Leichtmetallen wie beispielsweise Aluminium (Al). Die Beimengung insbesondere von Eisen (Fe) führt zur Bildung verschiedener bekannter Mineralien, die zwar dem Gestein wegen ihres metallischen Glanzes eine besondere Note verleihen können, indessen nicht immer von Vorteil sind. Diese neigen schon unter normalen atmosphärischen Bedingungen zur Zersetzung (Oxydation, Rostbildung).

Für die Natursteinbranche von Bedeutung:
Metallische Mineralien können unter dem Einfluss von atmosphärischen Bedingungen (Luftfeuchtigkeit, Nässe) rosten. Natursteine, welche metallische Mineralien aufweisen, entfalten dann innerhalb weniger Jahre so genannte «Rostschnäuze». Diese Rostbildung ist besonders in Fassadenplatten augenfällig.

Hämatit

- HÄMATIT   Synonyme: Eisenglanz/Roteisenstein
  Fe_2O_3

Hämatit ist ein weit verbreitetes Mineral in Erzlagerstätten, welche aufgrund hoher Temperatureinwirkungen (z. B. in Gesteinen neben einem aktiven Vulkanschlot) entstanden sind. Eisenglanz ist meistens leicht rot- bis rostrotfarbig und kommt oft in knollenartigen Formen vor. Dieser ist Farbspender in roten Sandsteinen.

Farbe:	schwarz bis rostrot
Härte:	5,5
Bruch:	muscheliger Bruch
Polierbarkeit:	polierbar
Vorkommen:	in Erzlagerstätten oder als Sekundärablagerung in Sedimenten (Farbspender)

Limonit

- LIMONIT   Synonym: Brauneisenstein
  $FeO \cdot OH$

Limonit ist ein Verwitterungsprodukt vieler Eisenerze oder eisenreicher Sedimentgesteine. Er liegt meistens in knolliger Form oder in feinkristallinen Aggregaten vor. Wie sein Name schon verrät, ist seine Farbe «zitronen»-gelb bis braungelb – und weist damit auf den Rostzustand des Eisens hin. Die meisten Sedimentgesteine, die einen auffälligen Gelbstich haben, beinhalten Limonit als farbgebendes Mineral.

Farbe:	braun bis gelbbraun, rostrot
Härte:	5–5,5
Bruch:	schlecht spaltbar
Polierbarkeit:	nicht polierbar
Vorkommen:	in Erzlagerstätten oder Sedimentgesteinen

Magnetit

- MAGNETIT   Synonym: Magneteisenstein
  Fe_3O_4

Bei diesem Mineral handelt es sich um ein auffällig schwarzes, metallisch glänzendes Erzmineral. Der Namensgebung folgend ist Magnetit – im Gegensatz zu vielen anderen metallischen Mineralien – magnetisch. Es kommt in erzhaltigen Gesteinen, aber auch als Begleitmineral in Tiefengesteinen vor.

Farbe:	schwarz
Härte:	5,5
Bruch:	muscheliger Bruch
Polierbarkeit:	gut polierbar
Vorkommen:	in Erzlagerstätten oder Tiefengesteinen

Pyrit

- PYRIT   Synonyme: Schwefelkies/Eisenkies/Katzengold
  FeS_2

Beim Pyrit handelt es sich um eine Eisen (Fe)-Schwefel (S)-Verbindung. Pyrit kommt vorab als Begleitmineral in Erzlagerstätten vor, bildet sich in sauerstoffarmen Ablagerungsräumen von Sedimenten (Kalkgesteinen, Tongesteinen, Sandsteinen) oder findet sich auch in Gneisen. Pyrit fällt auf durch seine «messing»- oder «goldähnliche» Farbe, seine häufig würfelige oder fussballartige Kristallform und seinen auffälligen Metallglanz.

Farbe:	metallisch gelb oder goldgelb
Härte:	6
Bruch:	schlecht spaltbar
Polierbarkeit:	gut
Vorkommen:	in Erzlagerstätten oder Sedimentgesteinen

MUSKOVIT
siehe Glimmer

Olivin

OLIVIN
Synonym: Peridot

$(Mg,Fe)_2 \cdot SiO_4$

Olivin ist ein Mineral in auffälligem Olivfarbton, wobei meistens auffällig dunkel- bis hellgrüne Farbschattierungen nebeneinander vorkommen. Das Mineral liegt in isolierten Einzelkörnern oder in Aggregatform vor. Olivin ist Hauptgemengtteil von Tiefengesteinen wie Peridotit oder Vulkangesteinen wie Basalt. Im Basalt ist der Olivin jedoch kaum in seiner sonst typischen Kristallform erkennbar, weil sich die Mineralien wegen ihrer raschen Abkühlung der Gesteinsschmelze glasig oder bestenfalls feinstkristallin ausbilden konnten. Unter Druck- und Temperaturzunahme kann sich Olivin in Serpentin umwandeln.

Farbe:	hellgrün bis dunkelgrün
Härte:	6,5–7
Bruch:	muscheliger Bruch
Polierbarkeit:	gut
Vorkommen:	in Tiefengesteinen oder vulkanischen Gesteinen wie Basalt

ONYX
siehe Achat

OPAL
siehe Achat

PERIDOT
siehe Olivin

PYRIT
siehe metallische Mineralien

PHENGIT
siehe Glimmer

Pyroxene

PYROXENE
$(Ca,Na)(Mg,Fe,Al,Ti) \cdot (Si,Al)_2O_6$

Die Pyroxene bilden eine grosse Gruppe verschiedener Mineralien mit ähnlicher chemischer Formel. Sie entstehen in magmatischen oder metamorphen Gesteinen. Am bekanntesten ist der Augit (stängelige Kristallform oder Erscheinung wie ein mehrfach abgekanteter Fussball = «Auge»). Augite weisen einen auffälligen Mattglanz auf.
Gerät der Pyroxen unter erhöhte Druck- und Temperaturveränderungen, wandelt sich dieser um zu *Serpentin*.

Farbe:	schwarz bis schwarzgrünlich
Härte:	5–6
Bruch:	gut spaltbar
Polierbarkeit:	gut
Vorkommen:	in magmatischen und metamorphen Gesteinen

Quarz (glasig)

QUARZ
SiO_2

Quarz gehört – wie die Feldspäte – zu den wichtigen gesteinsbildenden Mineralien. In Rissen oder Klüften kann Quarz sehr schöne Kristalle (Kristallstufen) in verschiedenen Kristallformen ausbilden. Die Kristallform hängt dabei davon ab, ob der Quarz unter niedrigen Temperaturen (unter 575° C → stängelig-sechseckig) oder darüber (stängelig-dreieckig) entstanden ist. Quarze sind in magmatischen Gesteinen in der Regel glasig-transparent, seltener matt-milchfarbig. In Klüften können sie durch Einschlüsse von bestimmten chemischen Elementen attraktive Farben erhalten (Citrin, Morion, Amethyst usw.).

Farbe:	glasig-transparent (als Kluftmineral auch andere Farben möglich)
Härte:	7
Bruch:	muscheliger Bruch
Polierbarkeit:	gut
Vorkommen:	in magmatischen Gesteinen

ROTEISENSTEIN

siehe metallische Mineralien

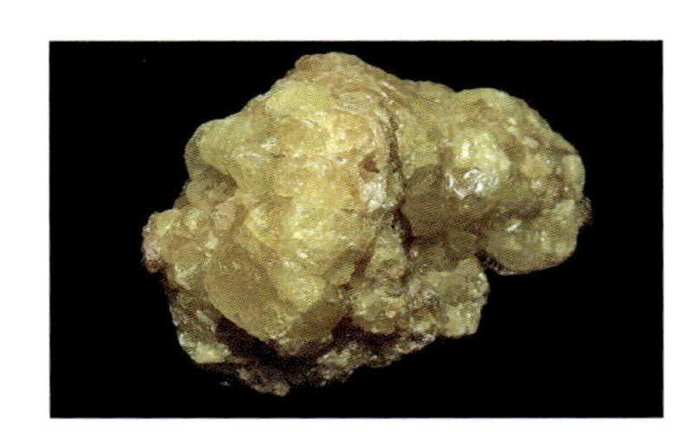

Schwefel

SCHWEFEL

S

Schwefel ist ein geruchbildendes Mineral, welches stets in der Umgebung von aktiven Vulkanen oder heissen Quellen entsteht. Dabei kristallisiert der in Vulkandämpfen oder heissen Quellen vorhandene natürliche Schwefel im Umgebungsgestein oder in Hohlräumen in Form von stängelig-sechseckigen oder rhombisch-tafeligen Kristallen aus. Schwefel kann in Verbindung mit anderen chemischen Elementen sehr aggressiv-ätzend wirken.

Farbe:	gelb, bisweilen mit «Harzglanz»
Härte:	1,5–2
Bruch:	spröde, nicht spaltbar
Polierbarkeit:	schlecht
Vorkommen:	in vulkanischen Gesteinen oder bei heissen Quellen

SCHWEFELKIES

siehe metallische Mineralien

SERIZIT

siehe Glimmer

Serpentin

SERPENTIN

$(3Mg,O) \cdot (2SiO_2) \cdot (2H_2O)$

Serpentin weist – wie sein Name schon verrät – eine «schlangen»-grüne Farbe auf. Dieser kommt feinkristallin, blätterig, schuppig oder in stängelig-faseriger Form vor. Grosse Kristalle sind kaum bekannt. Serpentin ist ein Umwandlungsmineral in dunklen Tiefengesteinen, das anlässlich von Druck- und Temperatureinwirkung sowie durch Wasseraufnahme aus Olivin oder Pyroxen entstanden ist. Er ist Hauptbauteil des gleichnamigen Gesteins *Serpentinit.* Setzt der Serpentin seinen Umwandlungsprozess fort, entsteht aus diesem der *Talk.* Liegt der Talk in stark gepresster, solid-kompakter Form vor, spricht man von *Speckstein.*

Farbe:	hell- bis dunkelgrün
Härte:	3–4
Bruch:	faserig spaltbar
Polierbarkeit:	in feinkristalliner Form gut
Vorkommen:	in metamorphen Gesteinen

SPECKSTEIN

siehe Serpentin

STEINSALZ Synonym: Halit

$NaCl$

Steinsalz ist vorwiegend als Lagerstättenmineral von Bedeutung. Steinsalz kristallisiert in streng kubisch-würfeliger Form aus. Es bildet sich durch Ausdampfung (Evaporation) von Meerwasser in Lagunen. Später kann Steinsalz dann anlässlich von Gebirgsbildungsprozessen vom ehemaligen Ablagerungsraum im Küstengebiet beispielsweise in einen weit davon entfernten Gebirgskomplex verfrachtet werden, wo es bis zu seiner Entdeckung (Abbau) weitgehend unverändert verharrt. Gerät Steinsalz unter veränderte Druck- und Temperaturbedingungen, beginnt dieses zu «fliessen».

Steinsalz

Farbe:	glasig-durchsichtig
Härte:	2
Bruch:	gut spaltbar
Polierbarkeit:	schlecht polierbar
Vorkommen:	in Sedimentgesteinen (Evaporiten), meistens mit Gips/Anhydrit

TALK

siehe Serpentin

TONMINERALIEN

$K(Al,Mg,Fe)_2 \cdot [(OH)_2 \cdot (Al,Si)Si_3O_{10}]$ (Illit)
$Al_2Si_2O_5 \cdot (OH)_4$ (Kaolin)
$(Na,Ca)\ (Al,Mg)_2 . Si_4O_{10} . (OH)_2 . 4H_2O$ (Montmorillonit)

Eine Vielzahl von Gesteinen liegt in Form von Tonschiefern oder sonst tonhaltigen Gesteinen vor. Tonmineralien kommen in metamorphen Schiefern oder in auffällig geschichteten bzw. gebankten Sedimentgesteinen sowie in Lehmgruben vor. Ton ist – wie die Bezeichnung dies schön andeutet – ein feinstkörniges Mineral (Durchmesser kleiner als 0,002 mm), welches im Vergleich zu anderen Mineralien relativ weich ist.

Tonmineralien

Tonmineralien entstehen durch chemische und mechanische Verwitterung von Feldspäten und Glimmern.

Tonmineralien verleihen dem Gestein meistens eine dunkelgraue bis grauschwarze, matte Farbgebung.

Die wichtigsten Tonmineralien sind: *Illit, Kaolin* und *Montmorillonit*. Von Bedeutung – insbesondere für die Bauwirtschaft – ist nun, in welchem Ausmass die Tonmineralien wasseraufnahmefähig sind (Quellfähigkeit).

Farbe:	dunkelgrau, grauschwarz
Härte:	1
Bruch:	zerbröckelnd
Polierbarkeit:	nicht polierbar
Vorkommen:	in metamorphen Gesteinen und Sedimenten

3.3 ÜBERSICHT ÜBER DIE WICHTIGSTEN VORKOMMEN VON MINIERALIEN

Mineralien, welche am Aufbau von Gesteinen (die im untenstehenden Entstehungsraum entstanden sind) beteiligt sind / Entstehungsraum Gesteine	Quarz	Kalifeldspäte	Plagioklase	Glimmer	Hornblenden	Olivin	Pyroxen	metallische Mineralien	Granate	Kalzit	Gips	Glaukonit	Chlorit	Tonmineralien
Tiefsee (Sedimente)														•
Tiefsee (Meeresboden-Vulkane)			•			•	•	•						
Schelf										•		•		•
Strand	•	•	•							•		•		
Lagune										•	•			•
See										•				•
Flusslandschaft														•
Gletscherablagerungen														•
Plutonite (tiefe Stockwerke)		•	•		•	•	•	•						
Plutonite (obere Stockwerke)	•	•		•	•									
vulkanische Gesteine						•								
metamorphe Gesteine	•		•	•	•	•	•	•	•				•	•

Tabelle 3.11: Bezug zwischen dem Entstehungsraum von Gesteinen und den in diesen Gesteinen am häufigsten vorkommenden Mineralien.

4 Gesteine

Gesteine sind natürliche Bildungen, die aus *Mineralien, Gesteinsbruchstücken* und/ oder *Organismenresten* aufgebaut sind. Nur etwa 20–30 Mineralien (der über 2'000 bekannten Arten) sind jedoch wesentlich am Aufbau der Gesteine beteiligt. Gesteine können zudem aus verschiedenen oder nur aus einer Mineralart zusammengesetzt sein. So enthält *Granit* (Tabelle 4.1) die Mineralien Quarz, Feldspat und Glimmer.
Die Mineralien sind in der Regel mehrere Millimeter gross und wegen ihrer Farbe und Ausbildung von blossem Auge oder mit der Lupe gut voneinander zu unterscheiden. Ein Gestein, das nur aus einer Mineralart besteht, ist zum Beispiel der *Marmor*, der ausschliesslich aus Kalzitmineralien aufgebaut ist.

Gesteinstyp	Mineralart(en)	Herkunft
Granit	Kalifeldspat Plagioklas Quarz Glimmer (Biotit)	Gurtnellen, UR
Marmor	Kalzit	Castione, TI
Sandstein (Molasse)	Quarz Feldspat Tonmineralien Kalzit (Bindemittel)	Bollingen, SG
Gneis (Paragneis)	Quarz Plagioklas Kalifeldspat Glimmer (Biotit/Muskovit)	Bodio, TI
Kalk	Kalzit	Liesberg, BL

Tabelle 4.1: Übersicht verschiedener Gesteinsproben aus der Schweiz.

4.1 GESTEINSGRUPPEN

Gesteine sind als greif- und begreifbare Dokumente der Schlüssel zur geologischen Vergangenheit. Sie dokumentieren auch Prozesse, deren Abläufe wir nicht direkt beobachten können, wie beispielsweise das Aufschmelzen von Gesteinen tief im Erdinnern. Trotz der grossen Vielfalt können wir die Gesteine im Wesentlichen in drei Gruppen unterteilen:

1. Magmatische Gesteine (Kapitel 4.1.A)
2. Sedimentgesteine (Kapitel 4.1.B)
3. Metamorphe Gesteine (Kapitel 4.1.C)

4.1.A MAGMATISCHE GESTEINE

Abbildung 4.2: Erkaltende Lava, Ätna, Italien.

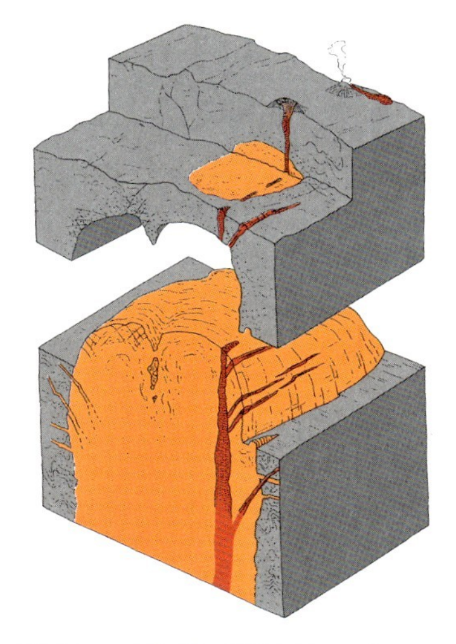

Abbildung 4.3: Blockbildskizze eines Granitkörpers (Pluton, orange) mit abgehobenem Gesteinsdeckel. Der überwiegende Anteil der Magma erstarrt in der Tiefe, ein geringer Anteil allerdings erreicht die Oberfläche und bildet Vulkane aus (flüssige Gesteinsschmelze, rot).

Magmatische Gesteine werden durch Abkühlung von Gesteinsschmelzen (Magmen) in grossen Tiefen gebildet. Diese Schmelzen sind 600° bis über 1'500° C heiss. Da sie leichter als ihr Umgebungsgestein sind, haben sie die Tendenz, vom Erdmantel gegen die Erdoberfläche hin aufzusteigen.
Man kann sich diesen Prozess wie das Aufsteigen eines Luftballons vorstellen. Der Grund für das Aufsteigen liegt darin, dass das Gas unter seiner Hülle [meistens aus Helium (He) bestehend] leichter ist als die den Ballon umgebende «Luft».
Auf dem Weg zur Erdoberfläche kühlen sich die heissen Schmelzen langsam ab und erstarren schliesslich in einer gewissen Tiefe oder an der Erdoberfläche, falls sie von Vulkanen zu Tage gefördert werden. Je nach Erstarrungsort bilden sich aus dem gleichen Magma verschiedene Gesteinsarten aus, nämlich:

- Tiefengesteine (Plutonite)
- Ergussgesteine (Vulkanite)

Tiefengesteine (Plutonite)

Aus Magmen, die in der Erdkruste erstarren, bilden sich Tiefengesteine. Bei langsamer Abkühlung der Magmen beginnen sich mikroskopisch kleine Kristalle zu bilden. Sofern dieser Vorgang im Erdinnern langsam genug erfolgt, haben einige Kristalle ausreichend Zeit, um mehrere Millimeter Grösse oder mehr zu erreichen, ehe die gesamte Masse als grobkörniges magmatisches Gestein auskristallisiert ist. Der *Granit* ist ein Beispiel eines Tiefengesteins.
Tiefengesteinskörper, so genannte *Plutone*, sind teilweise sehr gross. Ihr Durchmesser kann mehrere 100 km betragen (z. B. im Himalaya oder in den Anden). Beispiele mit ebenfalls grösseren Dimensionen finden sich auch in den Alpen – beispielsweise im Bergell und im Adamello (Italien).

Abbildungen 4.4: Macht und Pracht von Vulkanen. **Links:** In der Nacht demonstriert der Vulkan Stromboli auf den Äolischen Inseln (Italien) eindrückliche Eruptionen. Der Vulkan Mount St. Helens in den USA vor **(mitte)** und nach **(rechts)** der verheerenden Eruption vom Mai 1980. 500° C heisse Asche, Gase und Wasserdampf schossen aus der abgesprengten Vulkanflanke und verwüsteten eine Zone von rund 500 km^2 (entspricht der Fläche des Kantons Basel-Land!). Die bei der Explosion frei gewordene Energie betrug das 1'300-fache der Atombombe von Hiroshima!

Ergussgesteine (Vulkanite)

Wenn dagegen Magma an der Oberfläche aus einem Vulkan ausfliesst (Magma wird dann als *Lava* bezeichnet!) oder ausbricht, kühlt es entsprechend rasch ab und erstarrt so schnell, dass die einzelnen Kristalle nicht mehr allmählich wachsen können. Stattdessen bilden sich gleichzeitig viele winzige Kristalle, und die Gesteinsmasse wird zu einem sehr feinkörnigen Mineralgemenge (z. B. Basalt) oder zu einem vulkanischen Glas (amorphe Masse) abgeschreckt. Ergussgesteine mit einzelnen grösseren, gut ausgebildeten Kristallen in einer feinkörnigen oder glasigen Grundmasse wurden früher «Porphyr» genannt. Dieser Ausdruck ist aber veraltet. Die Vulkanite werden heute genauso wie die Plutonite aufgrund ihres Chemismus unterschieden (siehe «Klassifikation der magmatischen Gesteine»). Der *Basalt* ist der bekannteste und häufigste Vertreter der Vulkanite.

Die zeitweilige vulkanische Ausbruchstätigkeit wird allgemein auch Eruption genannt. Im süddeutschen Hegau und insbesondere beim Kaiserstuhl finden sich noch Reste von Eruptionen, die sich vor rund 10–15 Millionen Jahren aufgrund tektonischer Aktivitäten in dieser Region ereignet hatten. Um das Schauspiel eines aktiven Vulkans miterleben zu können, müssen wir eine etwas längere Reise auf uns nehmen, die allerdings sehr lohnenswert ist: In Süditalien finden sich sowohl auf den Äolischen Inseln (Stromboli, Seite 34) sowie auf Sizilien (Ätna) spektakuläre Beispiele aktiver Vulkane!

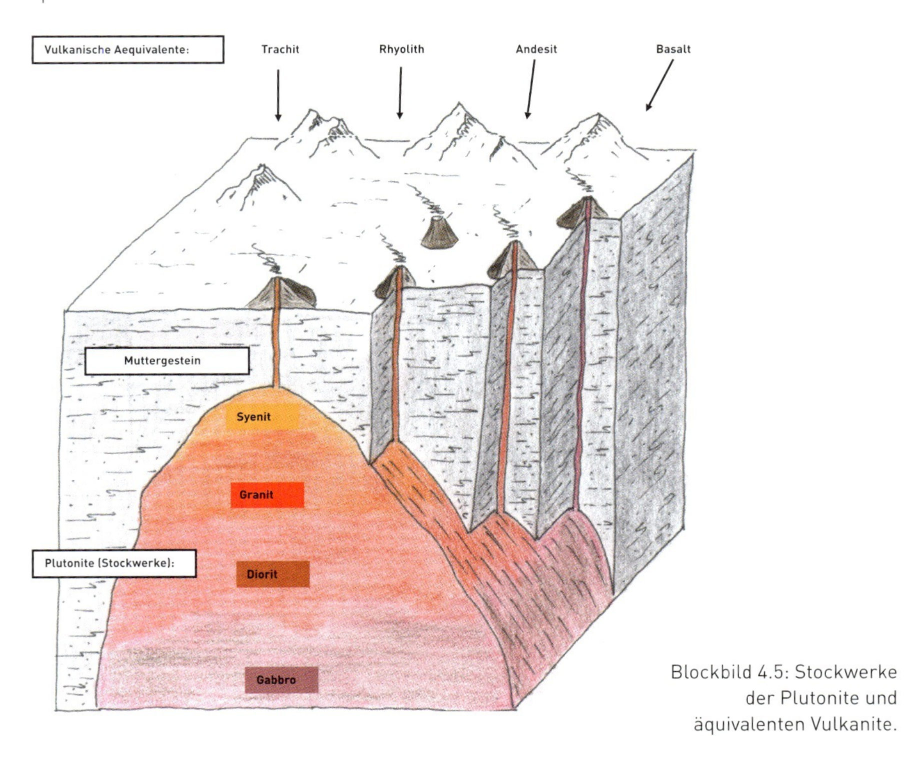

Blockbild 4.5: Stockwerke der Plutonite und äquivalenten Vulkanite.

Klassifikation der magmatischen Gesteine

Plutonite wie Vulkanite werden aufgrund ihrer chemischen Zusammensetzung sowie ihres Quarzgehaltes unterteilt. Analog den Ausführungen in Kapitel 1.4 für die Gesamterde gelten die Prozesse der Differenziation auch für das Erstarren von Magmen. Somit werden zuunterst Gesteine mit spezifisch schweren eisen- und magnesiumreichen Mineralien (Olivin und Pyroxen) gebildet (diese Gesteine haben meistens eine dunkelgrüne, dunkelgraue oder schwarze Farbe). Die frisch erstarrten Mineralien sinken auf den Grund der Magmenkammer und bilden zunächst Peridotite und Gabbros (Tabelle 4.6). Die noch flüssige Gesteinsschmelze in höher gelegenen Stockwerken des Plutons wird in der Folge Diorite bis Syenite (vorab Granite) erstarren lassen, welche reicher an helleren Mineralien (Quarz, Kalifeldspat und Na-reichem Plagioklas) und leichteren Elementen (Natrium, Kalium und Silizium) sind. Ist im Magma (bzw. in der Restschmelze) nicht mehr ausreichend Sili-

Tabelle 4.6: Plutonite und Vulkanite (zu jedem Plutonit gibt es ein äquivalentes vulkanisches Gestein, sofern das entsprechende Magma auch an die Erdoberfläche tritt).

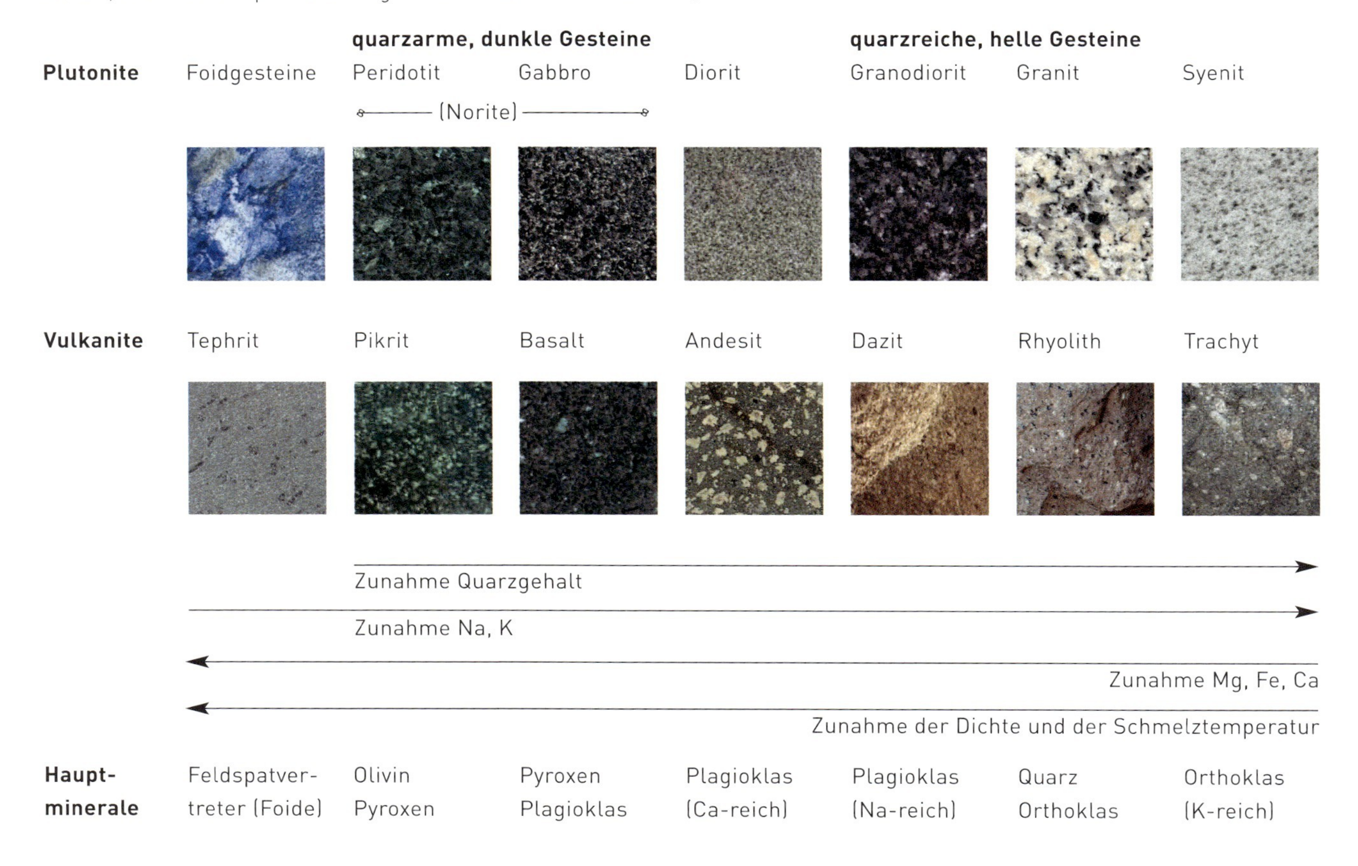

		quarzarme, dunkle Gesteine			**quarzreiche, helle Gesteine**		
Plutonite	Foidgesteine	Peridotit	Gabbro	Diorit	Granodiorit	Granit	Syenit
		←— (Norite) —→					
Vulkanite	Tephrit	Pikrit	Basalt	Andesit	Dazit	Rhyolith	Trachyt
		Zunahme Quarzgehalt →					
	Zunahme Na, K →						
	← Zunahme Mg, Fe, Ca						
	← Zunahme der Dichte und der Schmelztemperatur						
Haupt-minerale	Feldspatvertreter (Foide)	Olivin Pyroxen	Pyroxen Plagioklas	Plagioklas (Ca-reich)	Plagioklas (Na-reich)	Quarz Orthoklas	Orthoklas (K-reich)

Tuff

Bimsstein

Obsidian

zium vorhanden, entstehen siliziumarme Mineralien (so genannte Feldspatvertreter), aus welchen *Foidgesteine* erstarren.
Eine etwas einfachere Klassifikation erfolgt mit der Bestimmung des Quarzgehaltes: Quarzreiche Gesteine werden als *sauer* (im Pluton oben gebildet), quarzarme Gesteine als *basisch* (im Pluton im unteren Bereich entstehend) bezeichnet.

Die Mineralien der vulkanischen Äquivalente der Plutonite sind aufgrund der feinkörnigen Kristalle oft nur schwer zu bestimmen. Man benutzt deshalb auch die speziellen Strukturen der Vulkanite als Unterscheidungsmerkmal. Solche sind:

- Vulkanische Tuffe: Verfestigte Gesteinstrümmer und/oder vulkanische Asche. Tuffe können auch als sedimentäre Gesteine eingestuft werden.
- Poröse, schaumige: Weit verbreitet ist der Bimsstein mit seinen zahlreichen Hohlräumen (Blasen). Diese entstehen bei der Entgasung der Schmelze.
- Glasige: Im Gegensatz zu Bimsstein hat der Obsidian keine Hohlräume.

Vom Erdmantel aufsteigendes Magma kann auch in der Erdkruste, die sich im Tiefseebereich befindet, zu Gesteinen erstarren. In der Regel handelt es sich um basische Gesteine (Gabbros, Basalte), die gegebenenfalls mit Tiefseesedimenten (Tone, siehe Kapitel «Sedimente») zu einem speziellen Gestein «verbacken» werden. Diese Gesteine werden mit dem Sammelbegriff *Ophiolithe* bezeichnet. Ophiolithe behalten ihre Bezeichnung auch dann noch, wenn sie später aufgrund von Gebirgsbildungsprozessen (mit oder ohne metamorpher Überprägung, siehe Kapitel «Metamorphe Gesteine») in einem Gebirge zu Tage treten.

4.1.B SEDIMENTGESTEINE

Sämtliche Gesteine an der Erdoberfläche unterliegen der Verwitterung. Sie sind durch die Temparaturdifferenzen Tag/Nacht bzw. Winter/Sommer (Frost/Tau) einer zyklischen Kontraktion/Dehnung ausgesetzt, was ihr inneres Gefüge zunehmend auflockert, bis ein Zerfall einsetzt. Bekannt sind die so genannte *Wollsackverwitterungen* des Granits (Abbildung 4.7). Ausserdem werden sie durch Schwerkraft, Wind, Wasser oder Gletschereis wegtransportiert und an einem anderen Ort wieder abgelagert. So entstehen z. B. Schutthalden mit kantigen Gesteinsbruchstücken in Bergtälern, Schotterebenen und Kiesablagerungen mit gerundeten Gesteinsbruchstücken und Sanden in Flusstälern, Sandstrände im Uferbereich, Sanddeltas in Seen und Küstengebieten oder Tone im Tiefseebereich der Meere, wo die bis zur Tonfraktion zerstörten Mineralien des Hinterlandes zur Ablagerung gelangen (Abbildung 4.11).
Die unverfestigten Sedimente werden allmählich durch neues Material überdeckt und langsam verdichtet. Dadurch wird das Wasser aus den Poren zwischen den Sedimentkörnern gepresst. Im Porenwasser gelöste Ionen wie Kalzium (Ca) oder Silizium (Si) verkitten die Sedimentkörner (*Zementation*): Es entsteht ein *klastisches Sedimentgestein*. Der Prozess der Sedimentverfestigung wird als *Diagenese* bezeichnet.
Typische klastische Sedimentgesteine sind die Sandsteine des Schweizer Mittellandes (auch *Molasse* genannt).

Abbildung 4.8: Gesteinsschutthalde im Gebirge (Pilatus).

Abbildung 4.7: Gesteine lösen sich aufgrund von Temperaturdifferenzen Tag/Nacht bzw. Sommer/Winter zunehmend im inneren Gefüge auf.
Bei Graniten beispielsweise entstehen dabei die typisch rundlichen Verwitterungsformen (Wollsackverwitterung) (Hua Hin, Thailand).

Chemische Sedimentgesteine hingegen bilden sich durch chemische Ausfällung gelöster Ionen in (Meer-)Wasser bei Übersättigung. Man kann sich dazu auch Milch mit gelöstem Schokoladenpulver vorstellen. Wird die Milch länger stehen gelassen, so sammelt sich eine braune Schicht am Boden der Tasse – die Milch ist an Schokoladenpulver übersättigt. Auf ähnliche Weise bildet sich über den Prozess der Verdunstung (Evaporation) Steinsalz in so genannten Salzpfannen im Küsten- oder Lagunenbereich.
Zu den chemischen Sedimenten gehört auch der Travertin (Abbildung Seite 41). Dieses Gestein mit ausgeprägten Lagen und Schichten mit Hohlräumen entsteht durch Ausscheidung von Kalk im Quellenbereich: Wenn Quellwasser aus dem Fels tritt, erfährt es eine Druckentlastung und einen Temperaturanstieg, was die sofortige Ausfällung des überschüssigen Kalks im Wasser zur Folge hat (gleiches Prinzip wie die Ablagerung von Kalksinter bei Wasserhahnen). Der im Quellbereich abgelagerte Kalkschlamm beinhaltet vorerst auch Blätter und Äste der umgebenden Vegetation, die sich später bei der Verfestigung des Gesteins zersetzen, was die Bildung der für den Travertin typischen Hohlräume zur Folge hat (z.T. erkennt man im Travertin noch Abdrücke von Blättern).

Abbildung 4.9: Salzgewinnung durch Ausdampfung von Meerwasser im Lagunenbereich (Hua Hin, Thailand).

Organismenbruchstücke im Strandbereich (Andaman-See, Burma).

Eine dritte und letzte Gruppe bilden die *Biogenen Sedimentgesteine*. Der grösste Teil der weltweit verbreiteten Karbonatsedimente (Kalke) wurde ursprünglich von Organismen in Form von Schalen, welche aus Kalzit (Ca) [oder seltener aus Quarz (SiO_2)] bestehen, im Bereich der Meeresschelfe gebildet. Beim Absterben der Organismen bleiben die Schalen zurück und sinken auf den Meeresboden.

Die gewaltige Masse der in den Meeren laufend produzierten Schalen kann man sich bei jedem Strandspaziergang vor Augen führen! Beim Absterben und anschliessender Überlagerung durch weitere Schalenbruchstücke sowie der späteren Zementation dieser Organismenüberreste (Bindemittel = im Wasser vorhandener und in den Hohlräumen ausscheidender Kalzit) entstehen schliesslich Kalkgesteine und Dolomite.
Kohle ist ebenfalls eine Form der biogenen Sedimentation: Pflanzen können etwa in Sümpfen vor dem völligen Zerfall bewahrt werden, weil die Bakterien, die das pflanzliche Material zersetzen, durch rasche Überlagerung von fallenden Blättern vom benötigten Sauerstoff abgeschnitten werden. Die abgestorbene Vegetation reichert sich an und geht allmählich in *Torf*[5] über, eine lockere Masse, in welcher Äste und Pflanzenrückstände noch deutlich erkennbar sind. Im Laufe der Zeit und bei zunehmender Überdeckung durch andere Sedimentgesteine wird Torf entwässert, zusammengepresst und zuerst durch biochemische, dann durch geochemische Prozesse in Kohle umgewandelt. Sowohl in Binnenseen als auch in den Ozeanen können sich die Rückstände von Algen, Bakterien und anderen Mikroorganismen in Form von organischem Material in den Sedimenten anreichern, das nachfolgend – ebenfalls nur unter Sauerstoffmangel – in *Erdöl* und *Erdgas* umgewandelt wird.

Torfabbau in Russland.

Wichtiges Kennzeichen vieler Sedimentgesteine ist ihre Schichtung, wobei mehr oder weniger ebene Grenzflächen die Schichten voneinander trennen. Die Schichtung kommt zu Stande durch Änderungen der Sedimentationsfracht infolge wechselnder Transportgeschwindigkeit. Beispielsweise kann ein Fluss, der gewöhnlich Sande transportiert, infolge starker Niederschläge plötzlich Kiese und Blöcke über den Sanden ablagern. Stellt sich die Sedimentationsfracht zeitweilig ein, gelangen Tonlagen zur Ablagerung. Wechselt die Richtung der Frachtzufuhr (Strömungsrichtung des Wassers) in Sedimenten, kappt die neue Schichtung die vorangehende ältere, womit es zu einer so genannten Kreuzschichtung kommt.

Die meisten an der Erdoberfläche auftretenden Gesteine sind Sedimente, obwohl diese insgesamt nur einen geringen Anteil an den Gesteinen der gesamten Erdkruste ausmachen. Da die Sedimente im Wesentlichen an der Erdoberfläche entstehen, bilden sie in weiten Gebieten der Erde eine dünne Deckschicht über den darunterliegenden magmatischen und metamorphen Gesteinen, den eigentlichen Hauptbestandteilen der Erdkruste.

[5] Da Torf zu 50 Prozent aus Kohlenstoff besteht, brennt er in trockenem Zustand leicht und wurde während des Zweiten Weltkriegs in der Schweiz (z. B. im Entlebuch) als Kohlenersatz abgebaut.

Abbildung 4.10: eindrücklich geschichtetes Gesteinspaket: Feinschichtung in einem Kalkgestein.

Kreuzschichtung in einem Sandstein (jeweils eine darüberliegende Schicht kappt die darunterliegende).

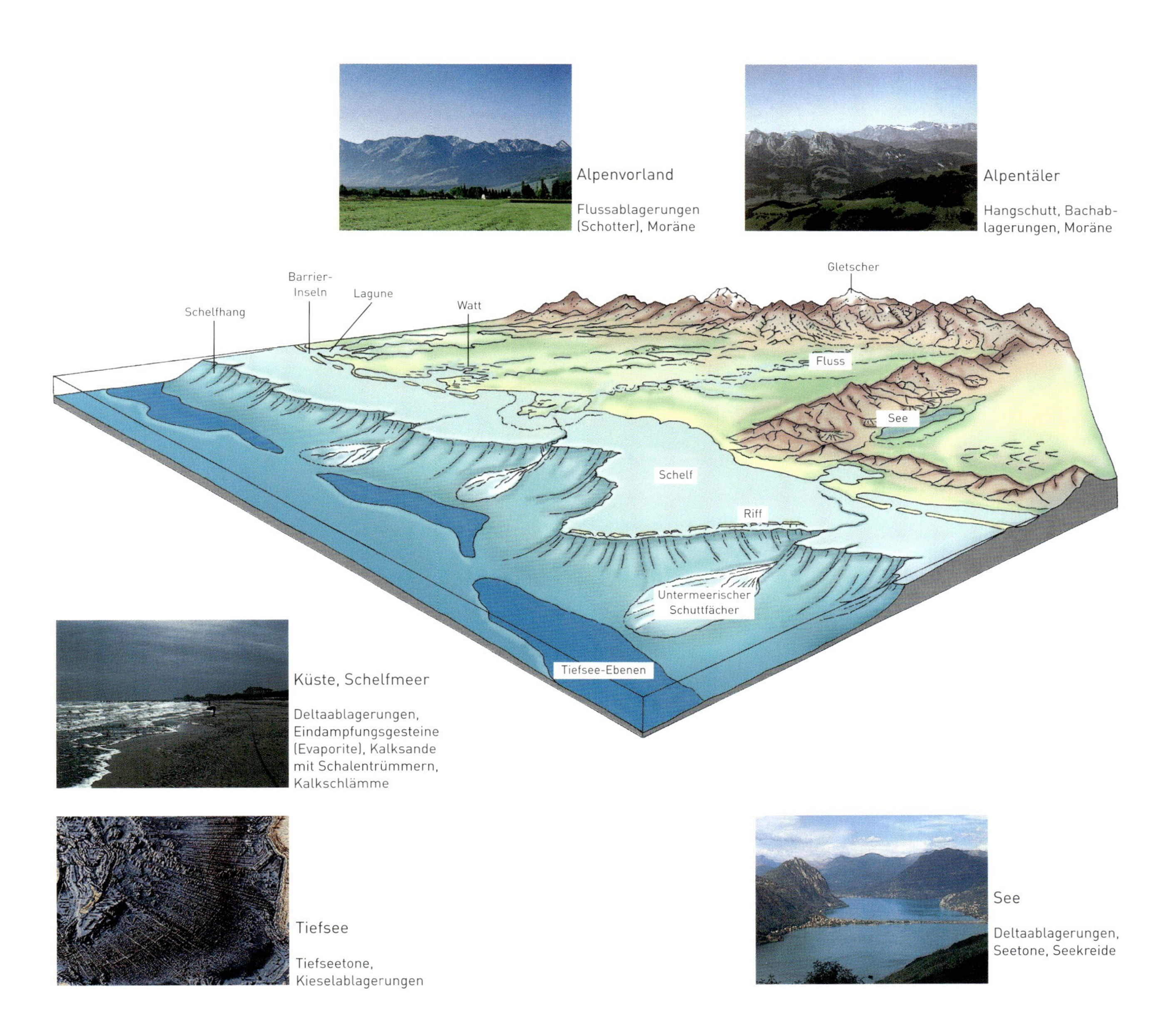

Abbildung 4.11: Blockbild verschiedener Ablagerungsräume, mit den entsprechenden Sedimentmaterialien, vom Hochgebirge bis zur Tiefsee.

Klassifikation der sedimentären Gesteine

Die Sedimentgesteine werden – wie vorangehend beschrieben – aufgrund des Sedimentationsprozesses in drei Gruppen unterteilt, und zwar in *klastische, chemische und biogene* Sedimente:

KLASTISCHE SEDIMENTE

Das Material der klastischen Sedimente besteht aus Gesteinsbruchstücken oder Sedimentkörnern. Diese werden ihrerseits nach ihrer *Korngrösse* weiter wie folgt unterteilt:

1 Grobkörnige Klastika (Korngrösse > 2 mm)
- **Kies** und seine diagenetisch verfestigten Äquivalente = **Konglomerate** (mit gerundeten Gesteinskomponenten, auch Nagelfluh genannt)

Kies/Kiesabbau

Konglomerat

- **Schotter/Gesteinsbruchstücke** und ihre diagenetisch verfestigten Äquivalente = **Brekzien** (in welchen die Gesteinsbruchstücke nicht gerundet sind)

Unverfestigte Gesteinsbruchstücke

Brekzie

2 Mittelkörnige Klastika (0,063–2,0 mm):
- **Sande** und ihre verfestigten Äquivalente = **Sandsteine**

Strandsand mit Muscheln

Muschelsandstein

3 Feinkörnige Klastika (Korngrösse < 0.063 mm):
- **Silte und Tone** und deren verfestigte Äquivalente = **Siltsteine, Tonsteine** und **Schiefertone**

Kunstvoll erstelltes Dach mit Schieferton

CHEMISCHE SEDIMENTE

Während klastische Sedimente vorwiegend Hinweise auf die Ausgangsgesteine auf den Kontinenten geben, liefern die chemischen Sedimente primär Anhaltspunkte für die chemischen Bedingungen bei ihrer Entstehung in den Ozeanen.
Die wichtigsten Vertreter sind:

- Kalk/Dolomit

Dolomitgebirge mit Dolomitgestein

Reiner Kalkstein

- Travertin

Im Bereich von Wasserquellen entstandenes Sediment mit typischen Lagen, Schichten und Hohlräumen

- Evaporite (Steinsalz, Gips)

Steinsalzlagerstätte

Gipsgrube (unter dieser Gipsschicht befindet sich der wasserlose Gips = Anhydrit)

- Hornstein[6]

Hornstein (Feuerstein)

- Kohle, Erdgas, Erdöl

Abbau von Steinkohle in einer Kohlelagerstätte

[6] Von Quarz-Schalenresten durch Überlagerung entstandenes Gestein, analog zu den aus Kalzit-Schalenresten entstandenen Kalken. Hornsteine werden auch Feuersteine genannt, da sie beim Aufeinanderschlagen Funken erzeugen.

BIOGENE SEDIMENTE

Die biogenen Sedimente liefern primär Anhaltspunkte für die Lebensbedingungen von Organismen in den Ozeanen.

Der grösste Teil der uns bekannten Kalksedimente (Karbonate) wird aufgebaut von gewaltigen Mengen von Organismen in Form von Schalen, welche aus Kalzit (Ca) [seltener aus Quarz (SiO_2)] bestehen. Beim Absterben der Organismen bleiben die Schalen zurück und sinken – unbeschädigt oder als Bruchstücke – auf den Meeresboden. Diese werden im Küstenbereich (Muschel- oder Schneckenkalke), bei Riffen (Korallenkalke) oder an den Meeresschelfen [Kalke mit Fossilbruchstücken (z. B. Seeigel) und Skeletteilen von Mikroorganismen] gebildet. Durch die Auflagerung nachfolgender Schichten wird das Wasser aus den Poren ausgepresst, und die im Restwasser gelösten Kalzium-Ionen konnten die Zementation der Schalenbruchstücke vornehmen.

Man unterscheidet zwischen

- feinstkörnigem Kalzitbindemittel in diesen Gesteinen = *Mikrit* und
- grobkörnigem, auskristallisierten Kalzitzementen = *Sparit*

Mikrofossilien in mikritischem Bindemittel

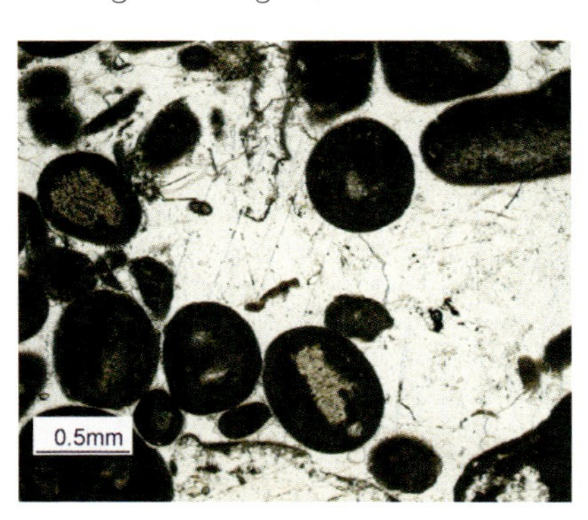

Mikrofossilien in sparitischem Zement

Fotos: Dr. R. Kündig (SGTK)

Kalk mit Fossilbruchstücken

Kalk mit Korallenbruchstücken

Kalk mit Ammonitenbruchstücken

KALKKOMPENSATIONSLINIE – EINE MAGISCHE GRENZE

Im Meer kann unterhalb von 4'000–5'000 Metern aufgrund der dort vorherrschenden hohen Drucke und kühlen Temperaturen kein Kalk mehr im Wasser gelöst und damit auch nicht abgelagert werden. Unterhalb dieser Grenze werden nur noch feinkörnige Sand- oder Tongesteine sedimentiert. Man nennt diese Grenze auch *Kalkkompensationslinie*.

4.1.C METAMORPHE GESTEINE

Metamorphe Gesteine (aus dem griechischen *metamorphóo* = umgestalten) entstehen bei der *Umwandlung* von magmatischen und sedimentären (sowie anderen bereits metamorphen) Gesteinen, welche bei der Gebirgsbildung sowie bei Subduktionsprozessen (Absenkungsprozessen) in grössere Tiefen verfrachtet werden. Unter dem Einfluss von hohen Temperaturen und Drucken werden sowohl der Mineralbestand als auch das Gefüge (Anordnung und Grösse der Kristalle sowie der Gesteinsfragmente) verändert. Die Gesteine wandeln sich also im *festen Zustand* infolge chemischer-physikalischer Reaktionen und Rekristallisation um (etwa ab 200° C). Solche Umwandlungsprozesse dauern im Allgemeinen Jahrmillionen.
Wo Drucke und Temperaturen grossräumig einwirken, unterliegen die Gesteine einer Metamorphose, die regional wirkt, genannt *Regionalmetamorphose*. Die Regionalmetamorphose ist eine Folge der Kollision von Lithosphärenplatten und der dabei steigenden Temperaturen und Drucke, an welche sich die Gesteine anpassen. Doch auch im umgekehrten Fall, bei langsamer Hebung von Gesteinen aus mehreren Kilometern Tiefe an die Erdoberfläche, werden Mineralien in den Gesteinen umgewandelt.
Bei Magmenintrusionen können infolge der hohen Temperaturunterschiede die Gesteine unmittelbar am Kontakt und in einer angrenzenden Zone verändert werden. Bei dieser so genannten *Kontaktmetamorphose* ist nur die Temperatur der entscheidende Faktor.

Metamorphe Mineralien

In metamorphen Gesteinen bilden sich charakteristische Mineralien (so genannte Leitmineralien), welche ganz spezifische Umgebungsbedingungen (Drucke und Temperaturen) widerspiegeln. Beispiele:

- Bei Anwesenheit von Wasser kann das Mineral Olivin bei erhöhten Druck- und Temperaturbedingungen in Serpentin übergehen.
- Bei etwa 500° C in rund 10 km Tiefe reagiert Quarz mit Chlorit zu Granat, welcher sich in einem nächsten Schritt schliesslich zu Staurolith umwandelt.
- Ein typisches sedimentäres Tongestein bildet bei zunehmender Metamorphose folgende Leitmineralien in dieser Reihenfolge aus:
  Chlorit > Muskovit > Biotit > Granat > Staurolith usw.

Granat und Serpentin sind typische metamorphe Mineralien, ebenso wie Staurolith, Disthen und viele weitere. Einige Mineralien aber werden sowohl in magmatischen als auch in metamorphen Gesteinen neu gebildet, beispielsweise Muskovit und Biotit. Auf die Vielfalt metamorpher Mineralien und damit der Vielfalt metamorpher Gesteine wollen wir hier jedoch nicht weiter eingehen. Zwei Punkte sollte man sich jedoch merken:
Bei den Sedimentgesteinen definieren verschiedene Mineralien verschiedene Gesteine. Bei den Metamorphiten kann ein und dasselbe Gestein im Laufe zunehmender Metamorphose neue Mineralien ausbilden.
Erdwissenschaftler konnten im Labor die Temperaturen und Drucke ausfindig machen, welche bei der Bildung typischer metamorpher Mineralien vorherrschen. Entsprechend kann dieses Wissen wiederum auf die Gesteine angewendet werden. Die Metamorphite verraten also ihre Geschichte anhand ihrer Mineralien!

Klassifikation der metamorphen Gesteine

Welche Gesteinstypen bei der Metamorphose entstehen, hängt von der Zusammensetzung des Ausgangsgesteins und dem Grad der Metamorphose (Druck, Temperatur) ab. Zwischen den diagenetisch verfestigten Sedimenten und den zu schmelzen beginnenden Metamorphiten ergibt sich natürlich eine riesige Variation von Gesteinen. Dennoch kann man metamorphe Gesteine *aufgrund ihrer Gefüge sowie ihrer Ausgangsgesteine (Protolith)* wie folgt unterteilen:

Gesteinsbezeichnung	Merkmale/Gefüge	Typischer Protolith
Phyllit	Ausgeprägte Schieferung im mm-Bereich	Schieferton, Sandstein
Schiefer	Zahlreiche tafelige Mineralien (Glimmer, Ton usw.) mit ausgeprägter Schieferung im mm- bis cm-Bereich	Schieferton, Sandstein
Gneis	Hochmetamorph, grobkörnig, weniger tafelige Mineralien als Schiefer/Phyllit. Lagen von hellen/dunklen Gemengteilen Schieferung im cm- bis dm-Bereich	Granit
Quarzit	Körnig, schwache Strukturen	Sandstein
Marmor	Rekristallisation der Kalzitmineralien. Je gröber die Kalzitmineralien sind, desto ausgeprägter war die Metamorphose	Kalkstein, Dolomit
Grünstein	Schieferig-lagig, teilweise gebändert, Mineralien oft eingeregelt	Basalt
Migmatit	Teilaufschmelzung des ursprünglichen Gesteingefüges und Neubildung von diffusen Wolkenbänderungen	alle Gesteine

Tabelle 4.12: Klassifikation der metamorphen Gesteine nach ihrem Gefüge und Bilder einiger ausgewählter Vertreter.

Orthogneis und Paragneis

Gneise sind metamorphe Gesteine, bei denen eine deutliche Foliation[7] durch grobe, helle und dunkle Lagen definiert ist. Gneise aus dem Tessin werden von (leider zu zahlreichen) Laien noch heute oft «Granite» genannt. Die klare Richtungsorientierung der Gneise aufgrund der im Gestein ausgerichteten Mineralien unterscheidet diese jedoch ganz klar von den homogenen (gleichmässig in allen Richtungen) Graniten (Abbildung 4.13)!

Schwieriger jedoch ist die Unterscheidung von Ortho- bzw. Paragneisen. Diese können ähnlich aussehen, haben jedoch eine ganz unterschiedliche Entstehungsgeschichte:

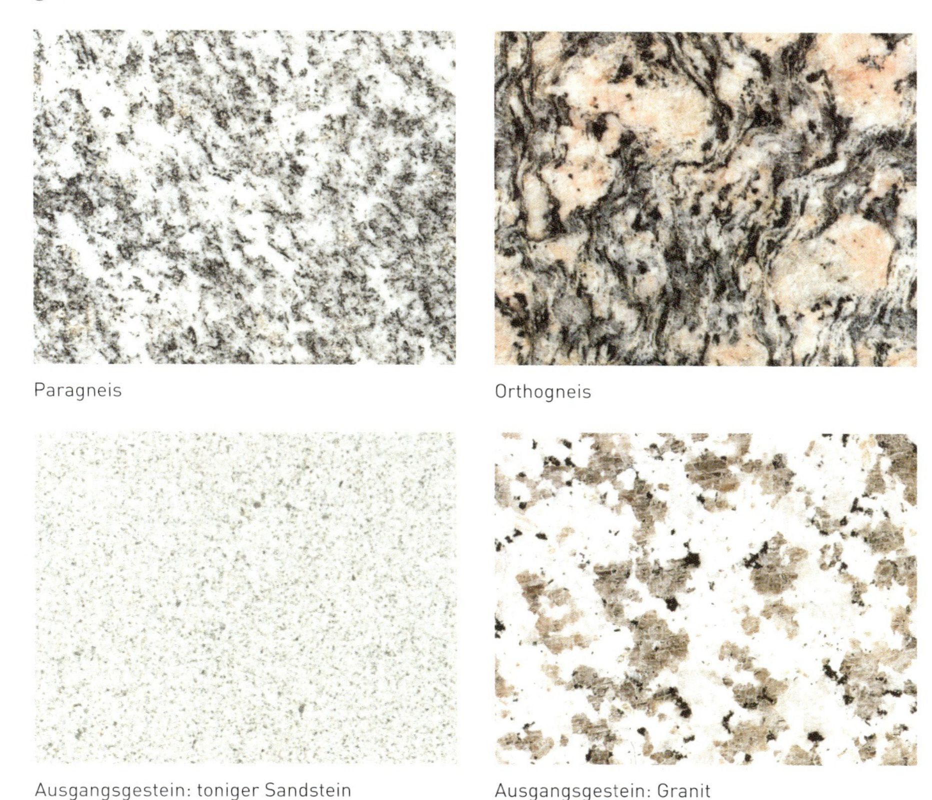

Paragneis | Orthogneis

Ausgangsgestein: toniger Sandstein | Ausgangsgestein: Granit

Abbildung 4.13: Unterscheidung von Orthogneis und Paragneis sowie ihren Ursprungsgesteinen, hellen Magmatiten bzw. Sedimenten.

Bei Orthogneisen sind helle, spezifisch leichtere Magmatite (hauptsächlich Granite) das Ausgangsgestein, im Gegensatz zu Paragneisen, die aus Sedimenten hervorgehen.

Generell sind die Lagen in den Paragneisen infolge der grossen Mineralienvarietät eher bunt, in den Orthogneisen hingegen meistens schwarz und weiss (mit Feldspat, Quarz und Muskovit in den weissen Lagen sowie Biotit und Hornblende in den dunklen Lagen).

[7] Schar engständiger, ebener oder gekrümmter Flächen innerhalb der Metamorphite. Die Anordnung entsteht durch Druckeinwirkung (im Gegensatz zu Sedimenten, wo die *Schichtung* im Wesentlichen der horizontalen Ablagerung entspricht).

4.2 ÜBERSICHT «REICH DER GESTEINE»

Nachstehend fassen wir die wichtigsten Gesteine von der Systematik her zusammen:

MAGMATISCHE GESTEINE

Plutonite Je nach Chemismus der Gesteinsschmelze bilden sich im Pluton folgende Gesteine:

			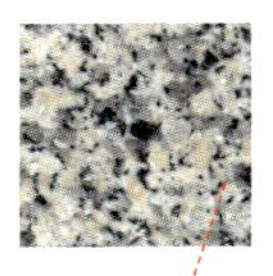	
Foid-gesteine	Gabbro	Diorit	Granit	Syenit

Vulkanite Gesteinsäquivalente, wenn dieselben Gesteinsschmelzen an die Erdoberfläche geraten:

	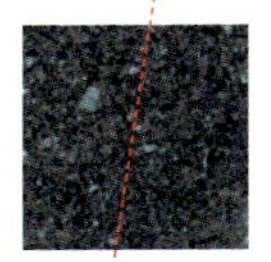			
Tephrit	Basalt	Andesit	Rhyolith	Trachyt

SEDIMENTÄRE GESTEINE

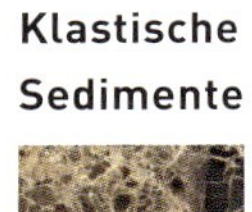

Klastische Sedimente				Chemische Sedimente		Biogene Sedimente	
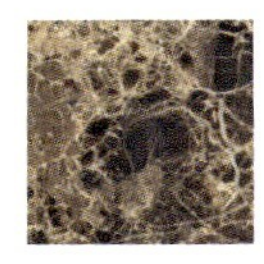	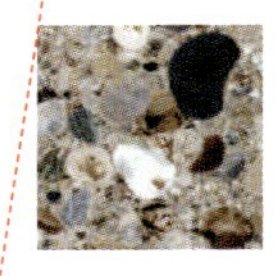	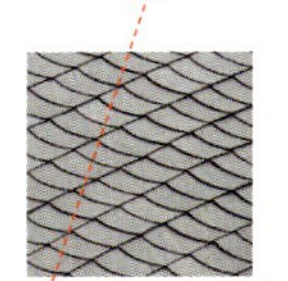		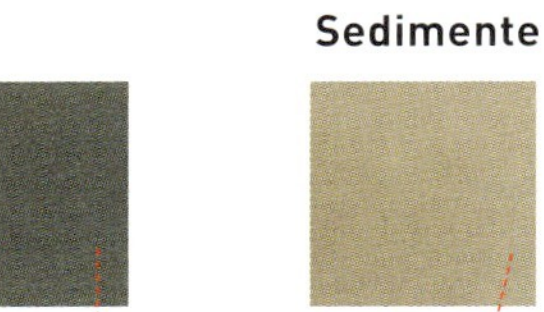			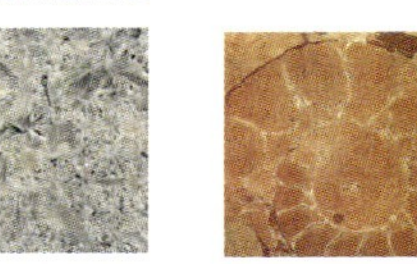
Brekzie	Konglomerat	Tonschiefer	Sandstein	Kalkstein	Travertin	Muschelkalk	Ammoniten-kalk

METAMORPHE GESTEINE

	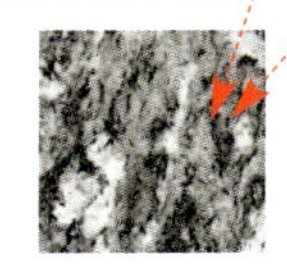		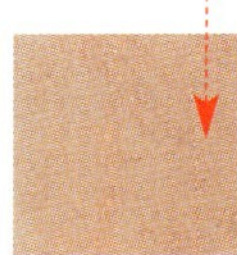 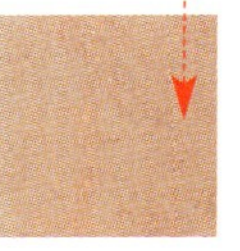	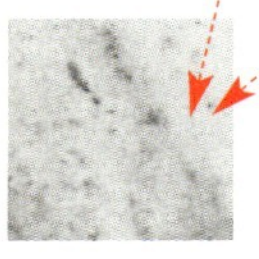
Serpentin	Gneis	Migmatit[8]	Quarzit	Marmor

Tabelle 4.14: Zusammenstellung der wichtigsten Gesteine. Die roten Pfeile stellen dar, aus welchen Gesteinen (Protolithen) welche Metamorphite entstehen können.

[8] Hochmetamorphes Gestein mit typischen Wolkenbänderungen, welches aus allen sedimentären, magmatischen oder metamorphen Gesteinen durch Teilaufschmelzung entstehen kann.

4.3 TECHNISCHE WERTE VON NATURSTEINEN

Die auftragsgemässe Verarbeitung und das Versetzen von Natursteinen an Bauobjekten können nur dann ohne Schadenwirkung für Bau und Mensch erfolgen, wenn vorerst abgeklärt wurde, ob der zur Verwendung ausgewählte Naturstein für das vorgesehene Objekt auch geeignet ist. Architekten, Ingenieurbüros, Bauherren und Behörden sind deshalb auf zuverlässige technische Werte von Natursteinen angewiesen.

Die gesetzlichen Bestimmungen schreiben vor, dass der Hersteller eines Produkts die zur Entscheidfindung und konformen Nutzung erforderlichen technischen Daten liefert und für ihre Korrektheit die Verantwortung übernimmt. Die Materialprüfung kann von den Herstellern bzw. Lieferanten bei spezialisierten Prüflabors in Auftrag gegeben werden.

Für Natursteine müssen – je nach Verwendungszweck – folgende technischen Werte ermittelt werden, wobei die Laborprüfungen nach einheitlichen internationalen Prüfstandards und Normen (EN) erfolgen:

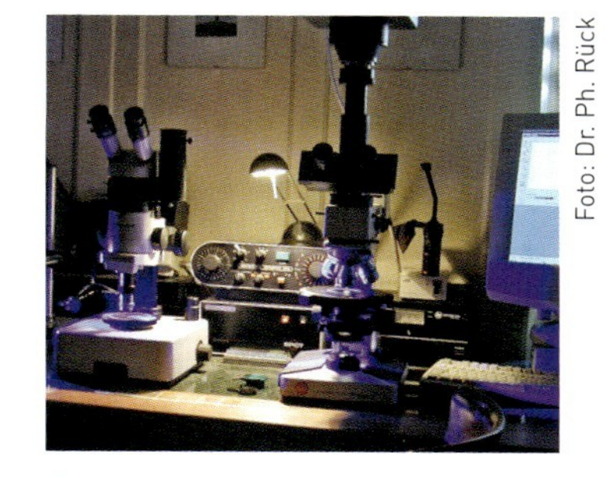
Foto: Dr. Ph. Rück

Binokular und Mikroskop zur Untersuchung von Natursteinen

Rohdichte (Trockenrohdichte)

Einheit: kg/m^3

Sie gibt Auskunft über das spezifische Gewicht eines trockenen Natursteins. Sie ist u. a. für die Berechnung der anfallenden Last am Bau von Bedeutung, wobei die mögliche Wasseraufnahme ergänzend berücksichtigt werden muss.

Biegezugfestigkeit

Einheit: N/mm^2

Sie gibt an, bei welcher Belastung eine ruhende Steinplatte bricht. Das Gestein muss gegebenenfalls in den verschiedenen möglichen Lagern gemessen werden.

Foto: Dr. Ph. Rück

Prüfgerät für die Biegezugfestigkeit

Druckfestigkeit

Einheit: N/mm^2

Die Druckfestigkeit am trockenen, gelegentlich auch am wassergesättigten oder mehrfach ausgefrorenen Gestein gibt an, bei welchem Höchstdruck das Material zerstört wird. Geprüft wird mittels einer hydraulischen Presse an einem Würfel der Masse 7 × 7 × 7 cm bei zentrischer Belastung. Das Gestein muss in den verschiedenen möglichen Lagern gemessen werden.

Wasseraufnahme

Einheit: Gewichts- und Volumen%

Es wird unterschieden zwischen:

- Wasseraufnahme absolut
- Wasseraufnahme gewichtsbezogen
- Wasseraufnahme volumenbezogen
- Sättigungswert der Wasseraufnahme: Verhältnis zwischen Porenvolumen, das sich kapillar (passiv) mit Wasser sättigt und dem Gesamtporenvolumen

Die Wasseraufnahme ist ein Mass für die Porosität des Gesteins. Der ermittelte Wert lässt Rückschlüsse auf die Gewichtszunahme eines trockenen Steins (Berechnung der Last am Bau) sowie auf seine Frostbeständigkeit zu.

Frostbeständigkeit

Einheit: Je nach Versuchswahl Gewichts- bzw. Volumen%, ergänzt durch Beobachtungen.

Die Frostbeständigkeit kann auch anhand des Sättigungswerts der Wasseraufnahme geschätzt werden. Je kleiner die ermittelte Zahl, desto günstiger ist das Verhalten des Gesteins gegenüber Frostbeanspruchung.

Die Frostbeständigkeit wird in der Regel anhand des Frost-Tau-Wechselversuchs geprüft. Dabei wird ein Probekörper einer bestimmten Anzahl Frost-Tau-Zyklen unterworfen. Einerseits wird beobachtet, ob sich Veränderungen am Gestein einstellen (Absanden, Abschuppen, Abschalen, Rissbildung u. dgl.). Parallel zum Wechsel wird auch die Wasseraufnahme laufend gemessen.

Fotos: Dr. Ph. Rück

Abbildung 4.15: Probekörper zur Prüfung der Frostbeständigkeit:
Links: trockene Probekörper
Rechts: zerfallene Probekörper nach Frost-Tau-Wechselversuchen

Abriebfestigkeit
Einheit: $cm^3/50\,cm^2$
Die Abriebfestigkeit gibt Auskunft über den anfallenden Abrieb eines Natursteins. Ein Steinkörper von $50\,cm^2$ Fläche wird auf einer rotierenden Scheibe mit vorgegebener Rotationsgeschwindigkeit und -dauer sowie bestimmten genormten Schleifmitteln geschliffen, wobei der Abtrag am Probekörper in cm^3 gemessen wird.

Foto: Dr. Ph. Rück

Prüfgerät für die Ausbruchfestigkeit am Ankerdornloch

Ausbruchfestigkeit am Ankerdornloch
Einheit: N
Bei dieser Prüfung handelt es sich um eine komplexe Versuchsanordnung am Naturstein, bei welcher gemessen wird, unter welcher Belastung ein normiert gesetzter Anker aus einem Ankerdornloch ausbricht. Der Wert ist für die Verwendung von Naturstein im Fassadenbau von zentraler Bedeutung.

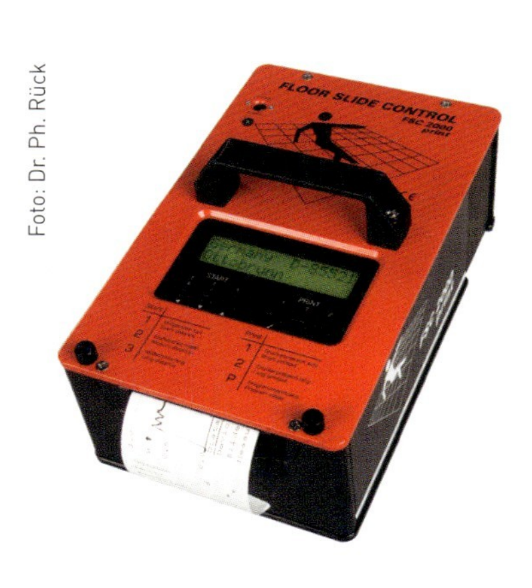

Foto: Dr. Ph. Rück

Messgerät FSC 2000 print

Gleitfestigkeit
Einheit: M (=Gleitreibzahl)
Die Gleitfestigkeit ist ein Mass für den «Rutschwiderstand», den eine bearbeitete Natursteinoberfläche gegenüber der menschlichen Begehung mit Schuhen aufweist. Sie ist insbesondere für die Natursteinanwendung (Bodenbeläge) im öffentlichen Raum von Bedeutung, will man doch verhindern, dass Personen auf dem Naturstein ausrutschen und sich verletzen (Haftpflicht). Die Bestimmung der Gleitfestigkeit erfolgt mittels verschiedener Messtechniken, mit welchen die Gleitreibzahl ermittelt wird. Diese Zahl kann als Mass für die Rutschsicherheit verwendet werden. Ein häufig verwendetes Messgerät ist das selbstfahrende Gerät «FSC 2000 print».

Datenbanken Natursteine – Vorsicht!
Bestrebungen, Standarddatenbanken mit technischen Werten für möglichst viele Natursteine zu erstellen, bergen eine nicht zu unterschätzende Gefahr: Da Natursteine aufgrund ihrer Entstehung inhomogen sind, können bereits in ein- und demselben Steinbruch verschiedene Natursteinqualitäten resultieren, was zu abweichenden technischen Werten führt. Meistens werden deshalb Wertebereiche angegeben. Standarddaten bergen die Gefahr nicht zutreffender technischer Werte. Aus diesem Grund ist – zumindest bei anspruchsvollen Bauten – die jeweilige Prüfung einer in sich abgeschlossenen Lieferserie dringend zu empfehlen,

5 Stein zu Stein… der Gesteinskreislauf

Die drei Gesteinsgruppen *Magmatite*, *Sedimente* und *Metamorphite* sind eng mit den plattentektonischen Ereignissen der Erde verbunden. Mit der fortwährenden Bewegung, Kollision, Absenkung und dem Wiederauftauchen der Kontinentalplatten werden diese Gesteine wie ein Frachtgut schicksalhaft mittransportiert. Dadurch werden sie in ein komplexes *Kreislaufsystem der Gesteine* (Abbildung 5.1) eingebunden und stehen demzufolge miteinander in wechselseitiger Beziehung: In diesem Kreislaufprozess geht jedes Gestein immer wieder durch fortwährende Veränderung aus dem anderen hervor:

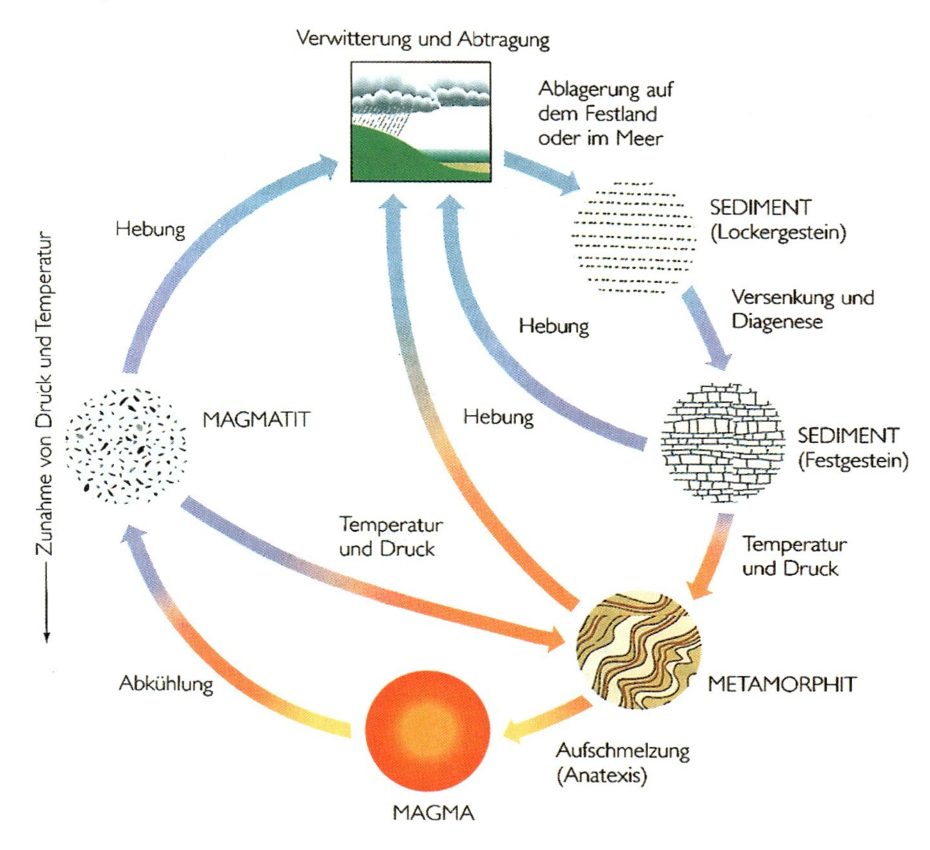

Abbildung 5.1: Der Kreislauf der Gesteine: Magmatite, Sedimente und Metamorphite stehen durch Hebung, Erosion, Diagenese, Aufschmelzung und Abkühlung miteinander in Beziehung.

Gesteine werden hauptsächlich an den Grenzen kollidierender Lithosphärenplatten metamorphisiert. Dabei unterscheiden wir zwischen zwei Prozessen bei der Kollision von Lithosphärenplatten:

- Beim Abtauchen von Lithosphärenplatten nach ihrer Kollision in tiefere Bereiche geraten diese dort in Zonen mit hohen Temperaturen und Drucken. Ab etwa 30 km Tiefe und Temperaturen über 700° C beginnen die ersten Gesteine zu schmelzen. Das Schmelzen zerstört schliesslich sämtliche Mineralien der vorhandenen Gesteine und homogenisiert ihre chemischen Elemente im dabei neu entstehenden Magma. Kühlt nun das Magma wieder ab, bilden sich durch Kristallisation der Schmelze wieder neue Mineralien; ein neues magmatisches Gestein entsteht.
- Bei der Kollision von Lithosphärenplatten werden die riesigen Kollisionsspannungen und -drucke auf die Gesteine übertragen. In tiefer gelegenen Stockwerken verfalten sich Gesteine bei entsprechend hohen Temperaturen zu metamorphen Gesteinen. Nahe der kalten Erdoberfläche brechen sie demgegenüber, was Erdbeben auslösen kann.

Dieses Phänomen ist aus der Metallurgie schon seit Jahrhunderten bekannt und wird entsprechend angewendet: Ein Stück Stahl kann glühend heiss beliebig verarbeitet werden, wenn es allerdings kalt ist, bricht es bei hoher Beanspruchung.
Infolge der Verdickung der Erdkruste während der Gebirgsbildung werden Gesteine nicht nur in grössere Tiefen verfrachtet, ein Teil davon wird auch angehoben und gelangt in Form von sich neu bildenden Gebirgen an die Erdoberfläche. Die Gesteine verwittern dort und werden durch *Erosion* abgetragen. Gletscher, Flüsse und Wind, aber auch die Schwerkraft im Allgemeinen transportieren Gesteinsbruchstücke verschiedenster Grösse in geografisch tiefer liegende Gebiete.
Generell bleiben grosse Gesteinsfragmente – wie etwa Blöcke aus Bergstürzen – aufgrund der ungenügenden Transportenergie in der Nähe des ursprünglichen Ablagerungsraums. Kies und Sand – also kleinere Fraktionen – werden demgegenüber bedeutend weiter transportiert, man findet sie beispielsweise in den meisten Flüssen im Schweizer Mittelland (als «Schutt» der Alpen!). Silt und Ton – und teilweise auch Sand – können schliesslich aus den Bergregionen bis ins Meer befördert werden, wo sie sich den dort entstehenden Sedimentschlämmen (Kalkausscheidung und Ablagerung von Fossilbruchstücken) beimischen.
Die abgelagerten Partikel überlagern sich schliesslich und werden mit zunehmender Überlagerung diagenetisch verfestigt (Kapitel 4.1.B) – es bilden sich neue *Sedimentgesteine*.
Durch weitere Überlagerung und insbesondere durch plattentektonische Prozesse (vorab Subduktion) gelangen diese Gesteinsformationen im Laufe der Jahrmillionen wieder in grössere Tiefen, wo sie bei hohen Drucken und Temperaturen wieder umgewandelt oder gar *aufgeschmolzen* werden.
Der Kreislauf kann von neuem beginnen – unsere Erde ist also eine gewaltige natürliche Recyclingmaschine!

6 Geologische Zeit

Unser Planet Erde hat ein Alter von schätzungsweise 4,6 Mia. Jahren. In diesem Zeitraum hat die Erde verschiedenste Entwicklungen, Prozesse und Ereignisse durchlaufen.
Wenn man bedenkt, dass der Mensch (homo sapiens) gerade einmal seit rund 1 Mio. Jahren existiert (aber erst seit rund 10'000 Jahren mit Werkzeugen arbeitet), wird man sich rasch bewusst, mit welchen Zeitmassstäben die einzelnen Ereignisse auf unserem Planeten gemessen werden müssen.
Ein Beispiel: Rechnet man das Alter von 4,6 Mia. Jahren bildlich in eine Strecke von Bern nach Zürich (120 km) um, so beträgt die Distanz, die der Homo sapiens seit seiner Existenz auf dem Planeten zurückgelegt hat, gerade einmal nur 26 Meter. Stellt man diese Rechnung in Bezug auf die 10'000 Jahre an, so beträgt die Strecke nur noch 26 cm!

6.1 MÖGLICHKEITEN DER ZEITMESSUNG

Paläontologen erforschen die verschiedenen Formen sowie die Entwicklung des Lebens in der Vergangenheit. Sie analysieren dabei in Sedimentgesteinen Skelettteile oder Schalenbruchstücke von früheren Organismen in Bezug auf Formgebung und Konstruktion und stellen Vergleiche an.
Dabei ist es ihnen gelungen, eine relative Abfolge der in gewissen Gesteinsformationen enthaltenen Überreste ehemaliger Organismen, den *Fossilien*, zu erstellen. Anhand von Fossilien, die nachweislich während einer bestimmten Zeitdauer lebten (so genannte *Leitfossilien*), können weit voneinander entfernte Gesteinsformationen dann miteinander in Verbindung gebracht werden, wenn dieselben Organismenarten darin aufgefunden werden. Diese Form von Altersbestimmung nennt man *relative Altersbestimmung*.
Mit Hilfe der Kenntnisse des radioaktiven Zerfalls gewisser chemischer Elemente ist es in den letzten Jahrzehnten nun zudem gelungen, das Alter geologischer Prozesse wie die Kristallisation von Mineralien, Gebirgshebungen, Ablagerungen von Sedimenten usw. in einigen Gesteinen direkt zu bestimmen. Hiefür werden ausgeklügelte Messgeräte verwendet. Diese «geologische Uhr» liefert eine vernünftig genaue Zahl. Es handelt sich um eine *absolute Altersbestimmung*.

6.2 GEOLOGISCHE ZEITTABELLE

Die geologische Zeit, wie sie in der Abbildung 6.1 dargestellt ist, wird aufgrund der Entwicklung der Tierwelt in *vier grosse Zeitalter* unterteilt:
Das *Präkambrium* umfasst einen Zeitraum von 590 bis 4'000 Millionen Jahren und damit bereits mehr als 85% der gesamten Erdgeschichte. Leider sind aus dieser Epoche nur wenige Fossilien erhalten geblieben.
Mit Beginn des *Erdaltertums (Paläozoikums)* vor 590 Millionen Jahren entfaltete sich das Leben. Die meisten Tierstämme blühten auf, und viele Fossilien geben heute Aufschluss über die Verhältnisse der damaligen Zeit. Die Ära des Paläozoikums umfasst die folgenden Perioden: Kambrium, Ordovizium, Silur, Devon, Karbon und Perm. Der grösste Teil der heutigen Kohlevorkommen ist auf das feucht-warme Klima des Karbons zurückzuführen. Am Ende des Erdaltertums (Perm) wurden über 95% der meeresbewohnenden Arten ausgelöscht.
Doch im *Erdmittelalter (Mesozoikum)* mit den Perioden Trias, Jura und Kreide blühte die Vielfalt des Lebens erneut auf. Charakteristische Gruppen wie die Saurier und die Ammoniten starben am Ende dieser Ära vor 65 Millionen Jahren aus[9].

[9] In verschiedenen Theorien wird über das plötzliche Aussterben dieser imposanten Tierwelt spekuliert. Man geht grundsätzlich davon aus, dass die Atmosphäre mit viel Staub angereichert wurde (sich also verdunkelte) und daher zu wenig Sonnenlicht für das Pflanzenwachstum auf der Erde zur Verfügung stand. Damit wurde den Lebewesen die Nahrung entzogen. Die gewaltige Wucht eines Meteoriteneinschlags oder immense Vulkanausbrüche könnten entsprechende Mengen an Staubpartikeln in die Atmosphäre befördert haben. Interessanterweise fanden Erdwissenschaftler Hinweise für beide Theorien. In Yucatán (Mexiko) fand man einen für diese Zeit passenden Meteoriten-Einschlagkrater, und im indischen Dekkan entsprechende vulkanische Gesteine, deren Alter ebenfalls auf 65 Millionen Jahre bestimmt wurde.

Erdgeschichtliche Zeittafel

Ära	Periode	Epoche	Alter Mio. Jahre
Känozoikum (Erdneuzeit)	Quartär	Holozän	0,01
		Pleistozän	1,7
	Tertiär	Pliozän	5
		Miozän	24
		Oligozän	36
		Eozän	55
		Paläozän	66
Mesozoikum (Erdmittelalter)	Kreide	Oberkreide	98
		Unterkreide	140
	Jura	Malm	160
		Dogger	184
		Lias	210
	Trias	Keuper	230
		Muschelkalk	243
		Buntsandstein	250
Paläozoikum (Erdaltertum)	Perm		290
	Karbon		360
	Devon		410
	Silur		440
	Ordovizium		500
	Kambrium		590
Prä-kambrium	Proterozoikum		2500
	Archaikum		4000

Tafel 6.1: Erdgeschichtliche Zeittafel
Grundlage: 1983 Geologic time scale. Geol. Society America
Unsicherheit der Alter: z. T. bis 30 Mio. Jahre

Die Gesteine des Mesozoikums sind heute insbesondere im Schweizer Juragebirge sehr gut aufgeschlossen. Dieser Umstand gab der mittleren Periode des Mesozoikums auch den Namen.
Mit der *Erdneuzeit (Känozoikum)* entwickelte sich die heutige Fauna, insbesondere auch die Säugetiere. Das Känozoikum umfasst die Perioden Tertiär und Quartär. Wir leben heute in der zweiten Epoche im Quartär, dem so genannten Holozän, auch Nacheiszeit genannt. Das Holozän begann am Ende der letzten Eiszeit in Europa, als der Mensch begann, sich ausgeklügelter Steinwerkzeuge zu bedienen – dies vor erst 10'000 Jahren!

6.3 ÜBERBLICK ÜBER DIE GEOLOGISCHE ZEIT

Um sich in der geologischen Zeit von Hunderten und Tausenden von Millionen Jahren zu orientieren, haben sich Geologen eine eigene Zeitskala geschaffen. Abbildung 6.2 zeigt die gesamte Erdgeschichte in einer Darstellung als Spirale, bei der jede Windung einer Milliarde Jahren entspricht!
Es wird rasch sichtbar, wie kurz die letzte Ära, das Känozoikum, im Verhältnis zur gesamten Erdgeschichte und wie winzig die Zeitspanne seit der Evolution des Menschen ist!

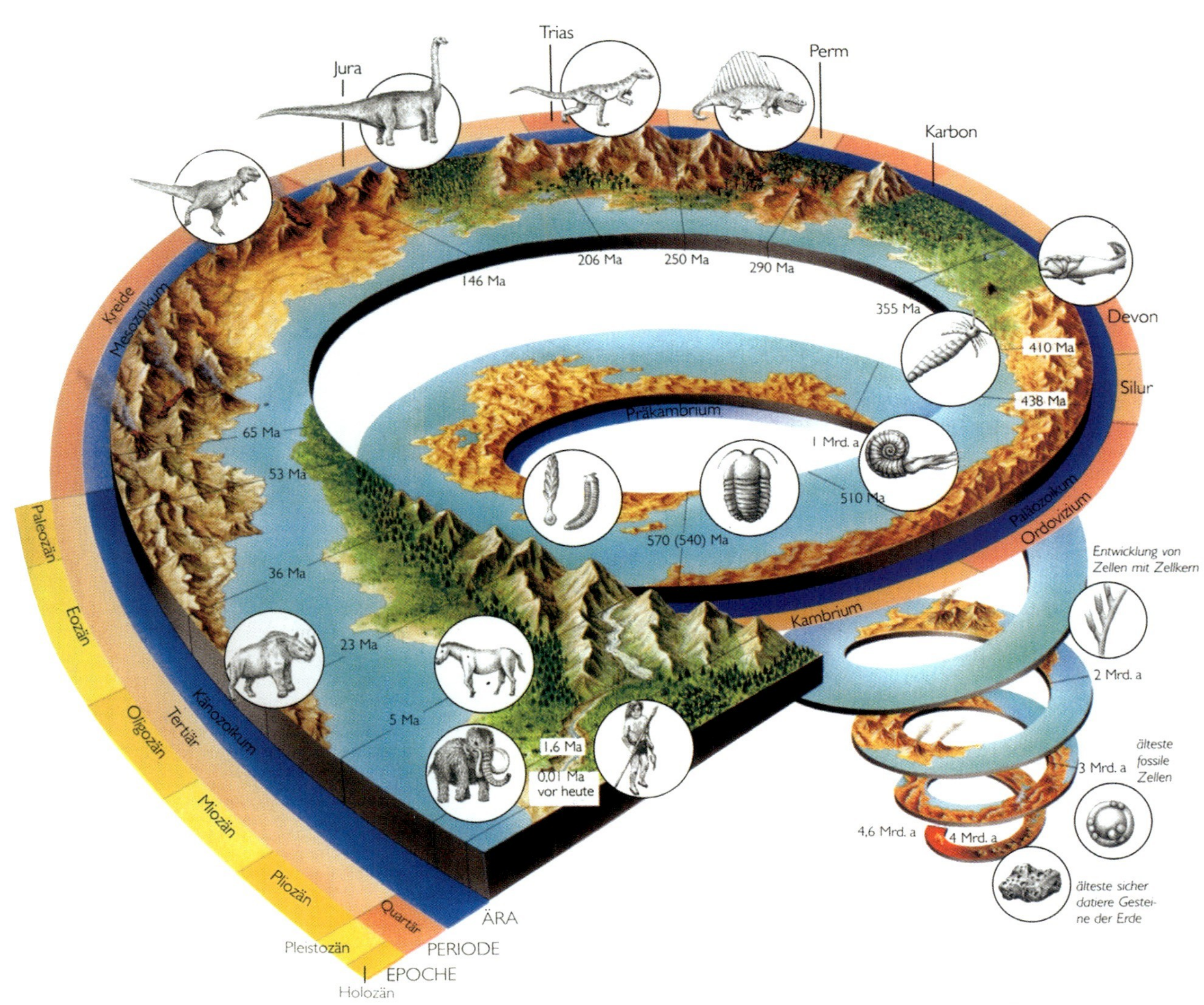

Abbildung 6.2: Der zeitliche Ablauf der Erdgeschichte.

7 Geologie der Schweiz

7.1 EINLEITUNG

Die Schweiz wird zu Recht als Alpenland bezeichnet, werden doch rund 60% ihrer Fläche von den Alpen bedeckt. Einige Gipfel der Schweizer Alpen sind weltbekannt und gehören zu den höchsten Europas, etwa die Jungfrau, das Matterhorn, der Eiger oder die über 4'600 m hohe Dufour-Spitze im Monte Rosa-Massiv, die nur noch vom Mont Blanc in Frankreich überragt wird.
Geographisch wird die Schweiz traditionell in die drei Regionen *Jura, Mittelland* und *Alpen* unterteilt, die ihren eigenen geologischen Bau und eine eigene geologische Entstehungsgeschichte haben.

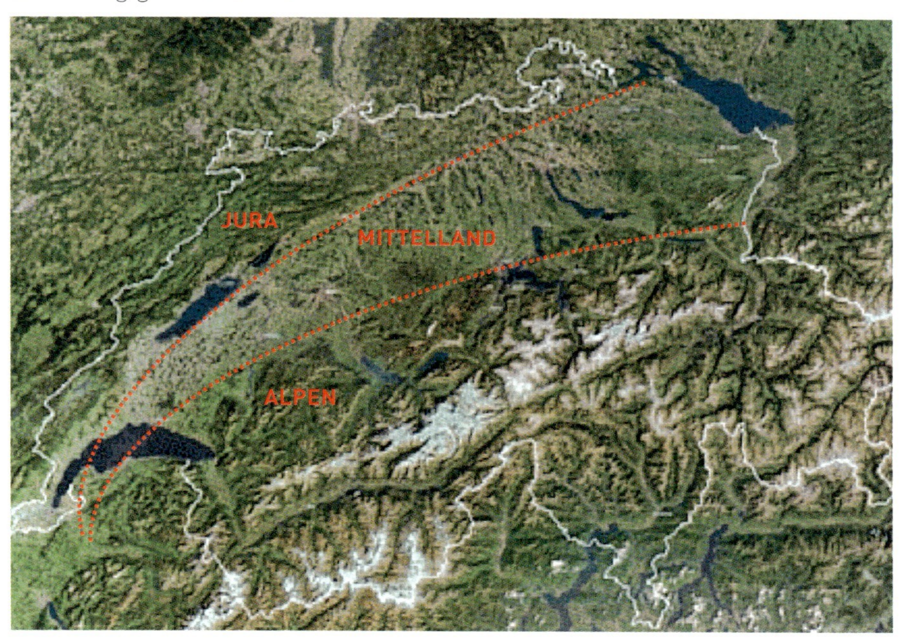

Abbildung 7.1: Satellitenbild der Schweiz. Klar ersichtlich sind die SW-NE-verlaufenden drei Einheiten Jura, Mittelland und Alpen (Grenzen rot gestrichelt).

Diese klare Unterteilung ist selbst aus dem Weltraum noch gut sichtbar (Abbildung 7.1). Sie basiert nicht nur auf topographischen Unterschieden, sondern auch auf der unterschiedlichen Geologie in den entsprechenden Regionen.
Die Entstehung der Schweiz beruht auf einer komplexen Entwicklung von verschiedenen *geologisch-tektonischen* Ereignissen, insbesondere der Alpenbildung mit ihren vielfältigen einzelnen Bauelementen (= *Decken*), Brüchen, Verschiebungen, Hebungen, Senkungen und Faltungen.
Nachfolgend wird die Entstehung und Entwicklung des Untergrunds der Schweiz anhand von vereinfachten Skizzen schematisch vorgestellt. Dabei sollen die Bildung und die Bauformen von Jura, Mittelland und Alpen sowie die Platznahme der verschiedenen Baukörper im Schweizer Raum verständlich werden. Zur Vereinfachung des Verständnisses der komplexen Abläufe sind die verschiedenen Zeitepochen, zu denen jeweils ein ganz bestimmter Prozess in einem der verschiedenen Baukörper stattfand, in den jeweiligen Skizzen zu einer einzigen Phase zusammengefasst worden.

7.2 GROBMODELL DER GEOLOGISCHEN GEBURT UND ENTWICKLUNG DER SCHWEIZ

Legende zu den Abbildungen 7.3 bis 7.9:

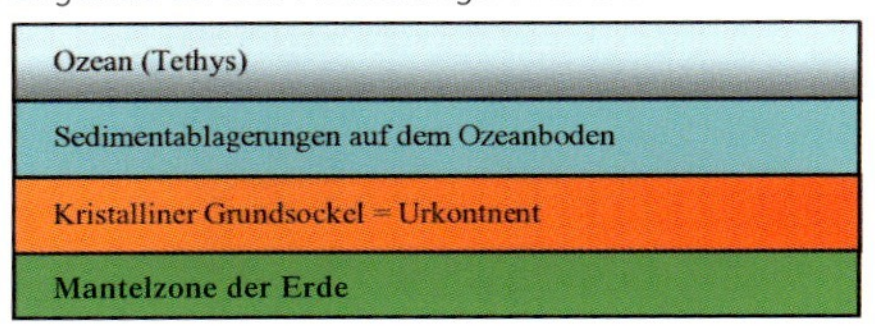

Schematisches Profil durch die Blockbilder und Profilbilder

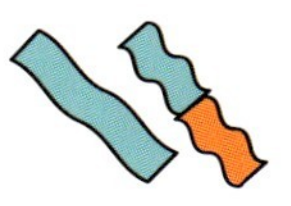

Schematisch skizzierte Bauteile der Alpen = Decken

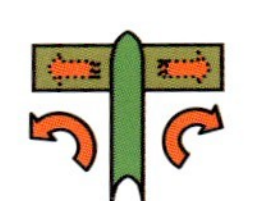

Aufstieg von Magma längs der Kontinentalgrenze (dunkelgrünes Pfeilsymbol), Entwicklung untermeerischer vulkanischerTätigkeit und Bildung von neuen ophiolithischen Gesteinen (olivgrüne Platten). Diese Platten werden einerseits wegen der «Keilwirkung» der Vulkane und andererseits wegen den Konvektionsströmungen im Mantel (rote Kreispfeile) langsam, aber fortwährend Richtung Landkontinente geschoben (rote gerade Pfeile) (siehe auch Kap. Plattentektonik)

Durchbruch von Magma während der Alpenbildung (rotes Pfeilsymbol) längs von Bruchzonen (gestrichelte Linie) = plutonische Intrusion mit Bildung von neuen Gesteinskörpern (Granite)

7.2.A ZEIT VOR DER ALPINEN GEBIRGSBILDUNG (PERM, 290 BIS 250 MILLIONEN JAHRE)

Auf der Erde existierte lediglich ein grosser zusammenhängender Kontinent, der Urkontinent *Pangäa (= Gondwana-Land)*. Dieser umfasste auch die Gebiete der späteren Kontinente Europa und Afrika.

Abbildung 7.2:
Urkontinent Pangäa (= Gondwana).
Rote Linie = Profillinie Ur-Europa – Ur-Afrika (siehe nachfolgende Abbildungen).

Der Urkontinent wurde bis gegen Ende des Paläozoikums an den meisten Stellen durch Abtragung praktisch eingeebnet. Gegen Ende des Paläozoikums bestand der Untergrund dieses riesigen Kontinents über weite Teile – so auch im damaligen Europa – aus Graniten, Gneisen und metamorphen Schiefern (kristallines Grundgebirge). Diese Gesteinsformationen wurden bereits während einer wesentlich früheren Gebirgsbildung im mittleren Paläozoikum gebildet.
In einem wüstenhaften Klima wurden Kiese und Sande auf diesem Urkontinent abgelagert und zu Konglomeraten und Sandsteinen verfestigt. Teile der Pangäa wurden zeitweise von Flachmeeren überflutet, in welchen feinkörnige Sedimente und Kalke zur Ablagerung gelangten. Flüsse schwemmten zusätzlich Sand und Ton in diese Meere. An den Küsten wurden Gips und Salz ausgeschieden.

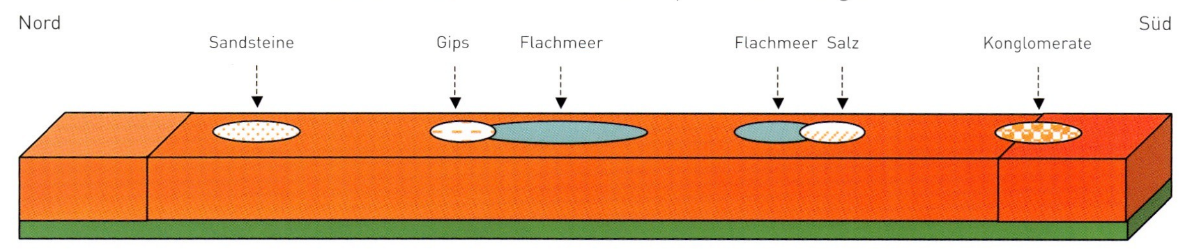

Abbildung 7.3: Schematischer Schnitt durch den Urkontinent Pangäa (= Gondwana) mit schematischer Darstellung von Flachmeeren und Ablagerungen (Schnittlinie siehe Abbildung 7.2).

7.2.B ZEIT DER OZEANISCHEN PHASE (MESOZOIKUM, 250 BIS 100 MILLIONEN JAHRE)

Ausgelöst durch die Kräfte im Erdmantel zerbrach die Pangäa in mehrere auseinanderdriftende Kontinentschollen, zwischen denen sich jeweils grosse Ozeane zu bilden begannen. Zwei dieser Schollen entwickelten sich dabei zu den eigenständigen Urkontinenten Afrika und Europa. Durch fortwährendes Auseinanderdriften dieser Urkontinente entstand dazwischen der *Tethys-Ozean*. An der Grenze der Kontinentalschollen erfolgte ein Durchbruch von Magma aus dem Erdmantel.

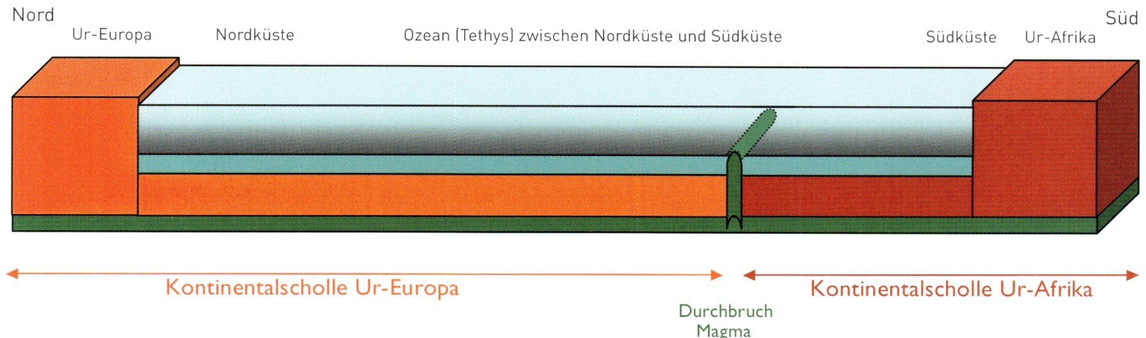

Abbildung 7.4: Zerbrechen der Pangäa → Bildung der Kontinentalschollen Ur-Europa und Ur-Afrika und des Ozeans Tethys.

Nun erfolgte eine Phase mit ausgeprägter Süddrift des Kontinents Afrika. Der gesamte Meeresraum wurde in der Folge in einzelne Elemente «zerteilt», welche später für den Bau der Schweiz prägend waren.

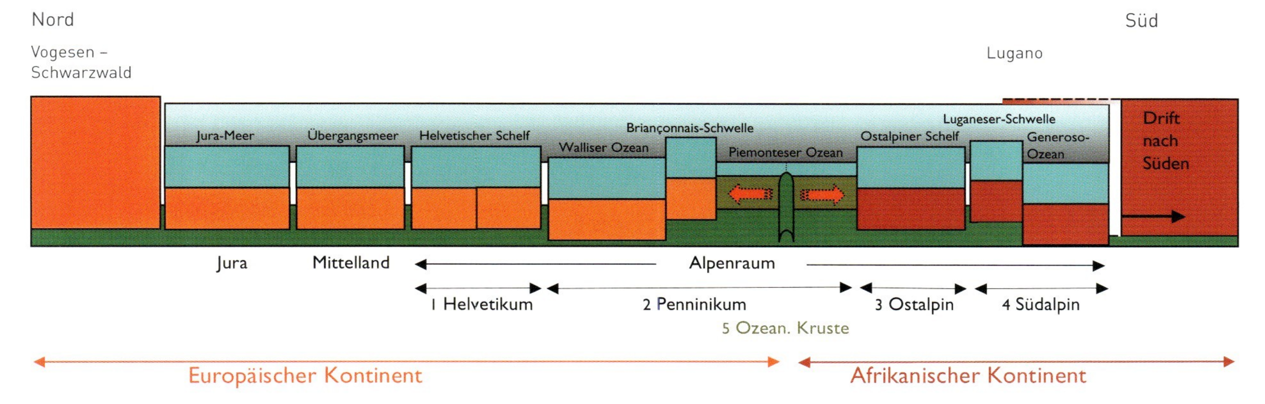

Abbildung 7.5: Drift → Aufteilung des Ozeanraums in einzelne Elemente, welche den Aufbau der Schweiz vorprägen (schematisch, verschiedene Zeitereignisse zusammengefasst).

An den Küsten und Schelfen des Europäischen- und Afrikanischen Kontinents, also nord- und südseitig des Tethys-Ozeans, lagerten sich im Küstenbereich Kiese und Sande (teilweise mit Muscheln), in den wenigen hundert Meter tiefen Schelfmeeren Kalkschlamm mit Schalenresten von Lebewesen (Muscheln, Ammoniten, Mikrofossilien u.a.) sowie Tone ab.

Das zentrale Gebiet des Ozeans war ein Vorläufer des heutigen Mittelmeers. Es teilte sich gegen Ende des Mesozoikums in zwei Ozeane auf – den Walliser Ozean im Norden und den Piemonteser Ozean im Süden – sowie in eine dazwischenliegende Schwellenzone, die so genannte Briançonnais-Schwelle.

Im mehr als tausend Meter tiefen Bereich des Piemonteser Ozeans begann sich aus den zunehmenden untermeerischen vulkanischen Aktivitäten eine ozeanische Kruste zu bilden, in welcher das aufsteigende Magma des Mantels basaltisches Gesteinsmaterial (**Ophiolithe**) in den Meeresgrund förderte. Die Zone der vulkanischen Aktivitäten bildete die Grenze zwischen den beiden Kontinenten Europa und Afrika.

Im Walliser Ozean gelangten demgegenüber vorab Silte und Tone zur Ablagerung, aus denen dann später die Bündner Schiefer entstanden, eine mächtige Sedimentabfolge, welche weite Teile des Wallis und des Graubündens prägt.

Im Generoso-Ozean – ganz im Süden des Gebietes – bildeten sich mächtige Serien von kieseligen Kalken.

7.2.C ZEIT DER ALPINEN GEBIRGSBILDUNG (ENDE MESOZOIKUM BIS SPÄTES TERTIÄR, 100 BIS 5 MILLIONEN JAHRE)

Nach einer Dehnungsphase bewegten sich die Europäische sowie die Afrikanische Platte wieder langsam aufeinander zu. Europa, fest mit dem nördlichen Untergrund verschweisst, wirkte dabei wie ein starrer Prellbock. Die aufeinander zudriftenden Kontinente hatten zur Folge, dass die Gesteine aneinanderprallten. Dabei wurden diese verkeilt, zerteilt, verfaltet und übereinander geschoben bzw. aufgetürmt, womit die Alpen als mechanisch (tektonisch) kompliziert geprägte Gesteinspakete (Decken) geboren wurden. Ganz speziell verhielt sich dabei das Teilelement des Piemonteser Ozeanbodens: Dieser wurde mit seiner schwereren (magmatischen) ozeanischen Kruste unter die Afrikanische Platte geschoben (*subduziert*). Nur kleine Überreste dieses Ozeanbodens sind heute noch in den Alpen aufgeschlossen.
Im Gebiet zwischen Südalpin und Ostalpin entwickelte sich eine gewaltige, tief in die Lithosphäre greifende Bruchzone, entlang welcher Magma aus dem Mantel aufsteigen konnte und in die werdenden Alpen eindrang. Diese Intrusionskörper erstarrten im Untergrund zu den jungen Granitmassiven des Bergells.
Flüsse wie die Ur-Rhone und der Ur-Rhein sowie Gletscher erodierten die jungen Alpen laufend ab und schnitten tiefe Täler in das Gebirge. Gewaltige Massen von Geröll, Kies, Sand, Silt und Ton wurden aus dem Alpenraum in das angrenzende Vorland im Norden und Süden abtransportiert und dort als Molasse abgelagert. In Alpenrandnähe bildeten sich dabei mächtige Delta-Schuttfächer mit der Grobfracht (Mont Pèlerin, Napf, Speer, Hörnli). Der feinkörnigere Gesteinsschutt wurde weiter vom Alpenrand entfernt im Molassebecken abgelagert. Dieser Alpenschutt verfestigte sich später zu Gesteinen.
Der natürlichen Erosion ist es auch zu verdanken, dass Decken in hohen Baustockwerken im Laufe der Zeit abgetragen und darunterliegende Bauelemente teilweise freigelegt wurden wie beispielsweise das tief im Untergrund erstarrte Bergeller-Massiv.
Vor ungefähr 5 Millionen Jahren wurden als letzte Phase der Geburt der Schweiz die südlichen Gesteinsformationen des bis anhin noch flach liegenden Juras aufgefaltet. Das Jura-Gebirge ist also *bedeutend jünger* als die eigentlichen Alpen! In untergeordnetem Mass geriet auch aus dem Jura Abtragungsschutt in das Molassebecken.

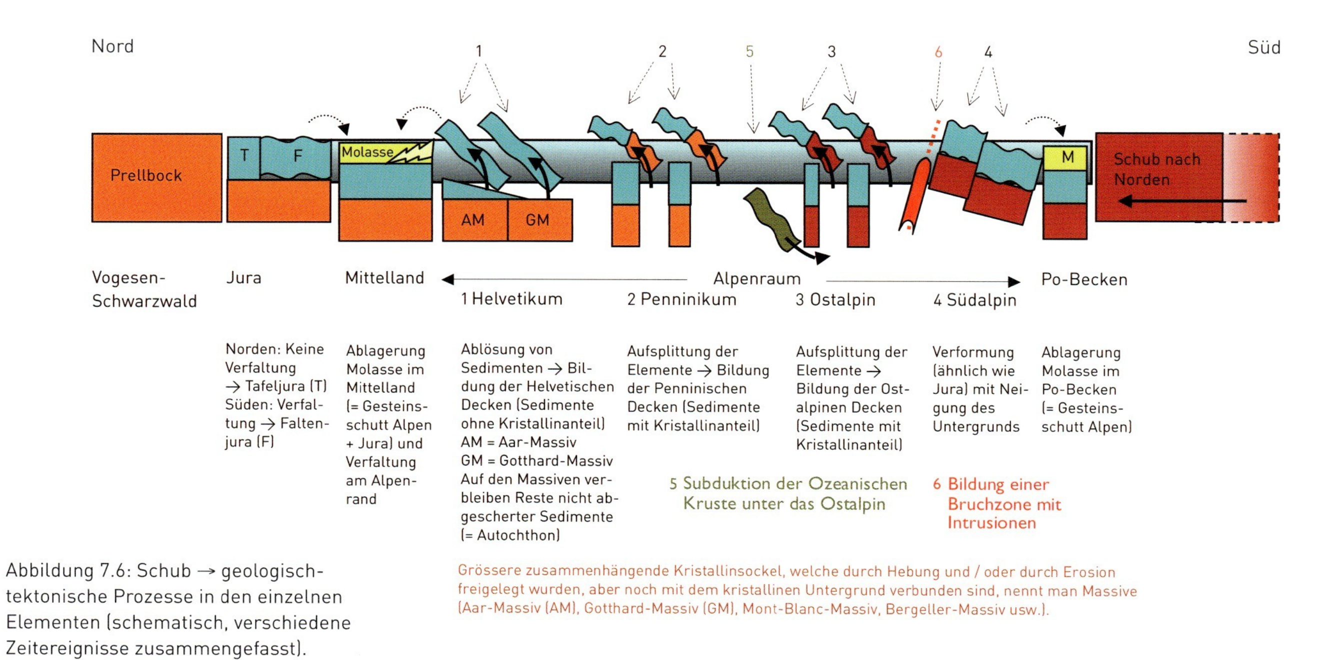

Abbildung 7.6: Schub → geologisch-tektonische Prozesse in den einzelnen Elementen (schematisch, verschiedene Zeitereignisse zusammengefasst).

Im nachfolgenden Profilschnitt geben wir den Bauelementen in Abbildung 7.6 (tektonische Einheiten) nun die Farben gemäss den tektonischen Karten:

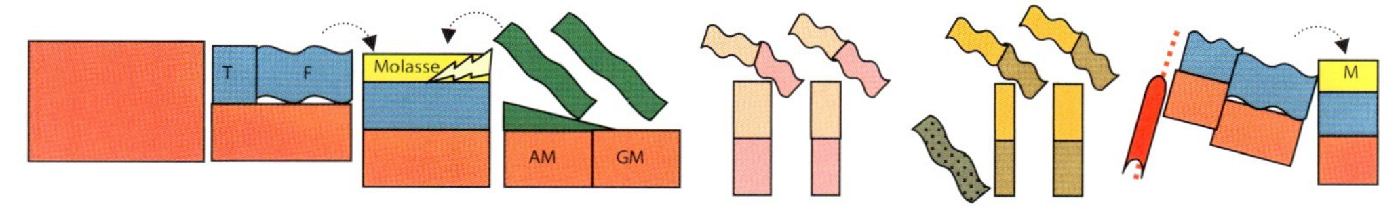

Abbildung 7.7: korrekte Farbgebung der Bauelemente der Schweiz gemäss tektonischen Kartenwerken.

7.2.D PLATZNAHME DER EINZELNEN ALPINEN BAUELEMENTE IM GEOLOGISCH-TEKTONISCHEN BAU DER SCHWEIZ

Die endgültige Platznahme der alpinen Bauelemente erfolgte in Form von kompliziert verfalteten oder verschuppten, teilweise zerbrochenen, auseinandergerissenen und übereinander verschachtelten Decken. Die ehemals südlich gelegenen Bauelemente wurden dabei am weitesten nach Norden verfrachtet und nahmen über den nördlich davon gelegenen Bauelementen Platz.

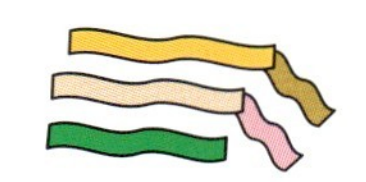

Oberstes Stockwerk: Ostalpine Decken
Zweitoberstes Stockwerk: Penninische Decken
Drittoberstes Stockwerk: Helvetische Decken

Abbildung 7.8: schematischer Stockwerkbau der alpinen Decken.

Ausgenommen von diesem Stockwerkbau waren die Platznahme

- der ozeanischen Kruste des Piemonteser-Ozeans, die unter das Ostalpin subduziert wurde,
- der jungen granitischen Intrusionskörper (z. B. Bergeller-Massiv), welche mehr oder weniger am Ort ihrer Entstehung verblieben, und
- des Südalpins, welches – ähnlich wie der Bau des Juras – am Ort seiner Entstehung verblieb.

Von diesem ehemaligen Stockwerkbau ist indessen heute in den Alpen nicht mehr viel zu sehen, weil die meisten hochgelegenen Stockwerke durch die Gesteinserosion (Wasser, Gletscher) abgetragen wurden und nur noch die darunterliegenden Bauelemente des Deckengebäudes übrig blieben.

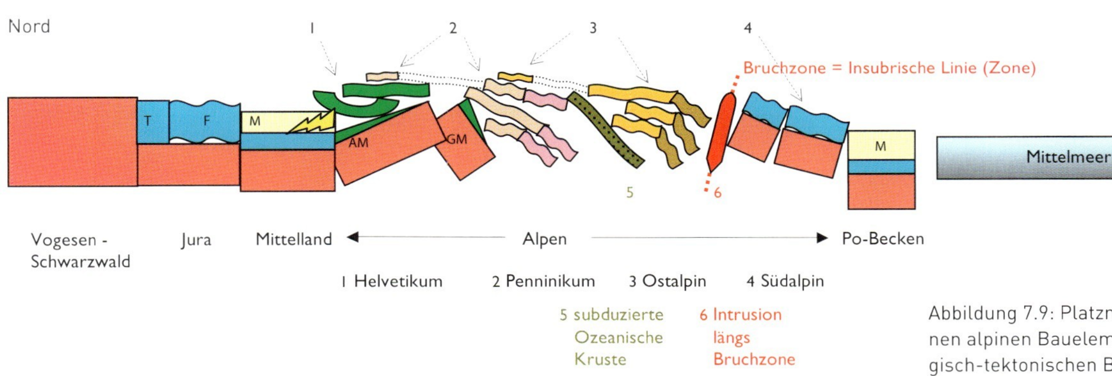

Abbildung 7.9: Platznahme der einzelnen alpinen Bauelemente im geologisch-tektonischen Bau der Schweiz (schematisch, verschiedene Zeitereignisse zusammengefasst).

7.2.E QUARTÄR (1,6 MILLIONEN JAHRE BIS HEUTE)

Die Alpenbildung löste aufgrund ihrer Gesteinsakkumulation grossregional eine Verdickung der kontinentalen Kruste aus. Dies führte zu einer Überlast im Stockwerk des Erdoberteils, womit sich das so genannte *isostatische Gleichgewicht* der Kruste auf diese neue Last einstellen musste. Die Alpen werden nun seit dem Quartär wegen der natürlichen Erosion fortwährend abgetragen, was umgekehrt eine Gewichtsreduktion und entsprechende isostatische Entlastungs-Ausgleichsbewegungen in der kontinentalen Erdkruste zur Folge hat: Die Alpen heben sich um mehrere Millimeter pro Jahr an. Dabei hat auch die Reduktion des Alpengewichts aufgrund des Wegschmelzens der Gletschermassen aus der letzten Vergletscherung eine Rolle gespielt.

Prinzip der Isostasie:
Drückt man ein Stück Holz in der Badewanne mit der Hand unter die Wasseroberfläche und lässt es anschliessend los, so springt das Holz wieder an die Oberfläche zurück.
Wenn ganze Gebirge die Erdkruste überlagern, so wird diese aufgrund der Überlast in den Erdmantel hineingedrückt. Werden nun die Gebirge langsam erodiert, so nimmt diese Überlast ab, und die Erdkruste wird, wie unser Spielzeug in der Badewanne, wieder nach oben zurückgedrängt.
Dieses Prinzip wird Isostasie genannt. Diese beruht auf dem Prinzip des Ausgleichs von Materialien verschiedener Dichte. Wenn der vorhandene Auftrieb mit der Überlast die Waage halten kann, so ist ein System ausgeglichen.
Die Alpen sind heute offenbar noch nicht isostatisch ausgeglichen. Die Kruste ist infolge der Gebirgsüberlast noch zu tief in den Mantel eingedrückt. Zudem lag die Schweiz vor 10'000 Jahren noch unter einer dicken Eisschicht, welche nun weitgehend weggeschmolzen ist. Aus diesen beiden Gründen heben sich einige Gebiete der Schweiz noch heute, und zwar maximal etwa 5 mm/Jahr im Raum Chur sowie im Gebiet Brig/Visp. Demgegenüber findet ein laufender Abtrag durch die natürliche Erosion statt (ca. 3.5 mm/Jahr).

7.3 FEINMODELL DER GEOLOGISCHEN GEBURT UND ENTWICKLUNG DER SCHWEIZ

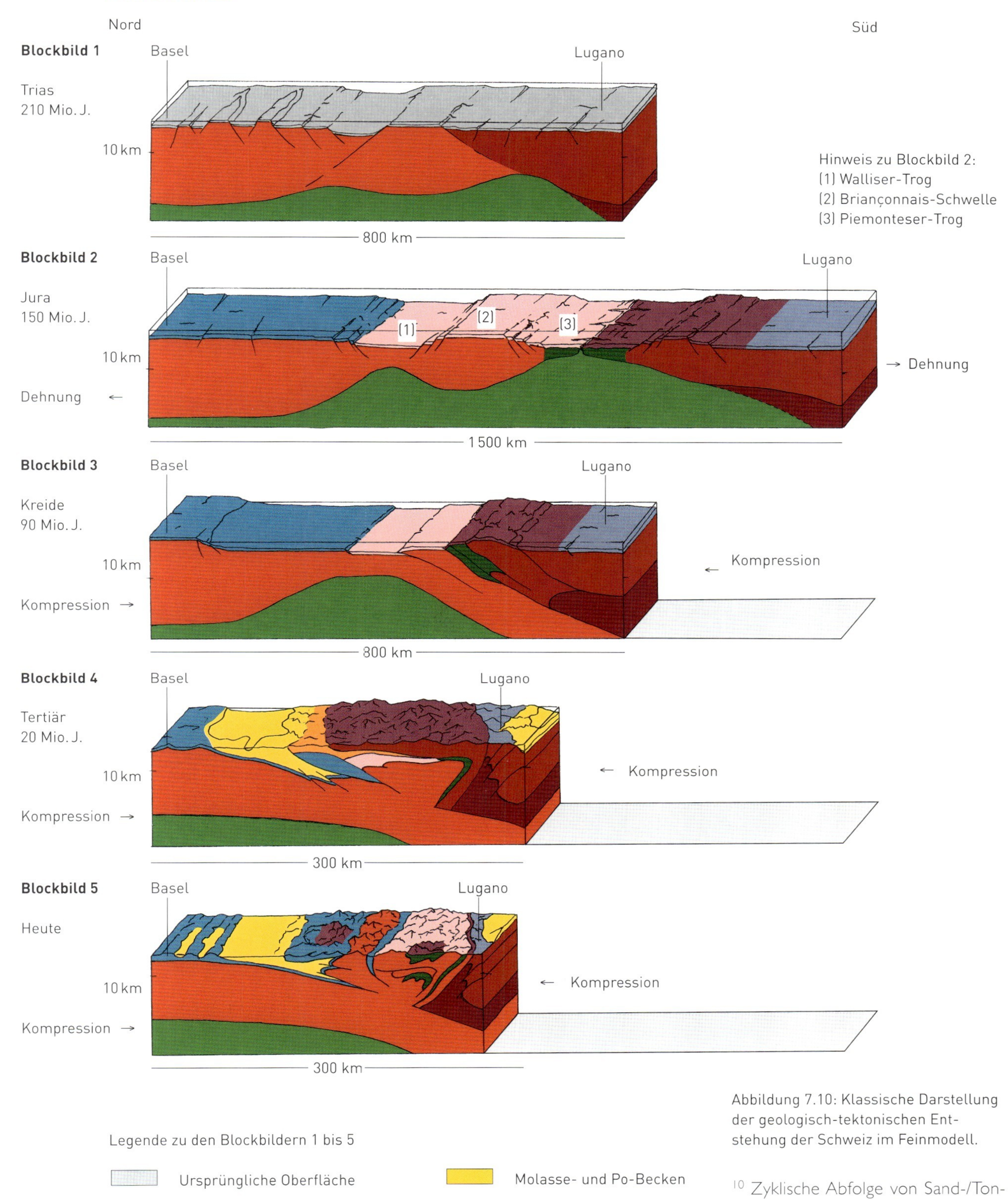

Abbildung 7.10: Klassische Darstellung der geologisch-tektonischen Entstehung der Schweiz im Feinmodell.

Legende zu den Blockbildern 1 bis 5

- Ursprüngliche Oberfläche
- Jura, Mittelländisches Mesozoikum und Helvetikum
- Penninikum
- Ostalpin
- Südalpine Sedimente
- Flysch[10]
- Molasse- und Po-Becken
- Europäische Kruste
- Afrikanische Kruste (Südalpines Kristallin)
- Ozeanische Kruste (Ophiolithe)
- Mantel
- Afrikanischer Mantel

[10] Zyklische Abfolge von Sand-/Tonschichten mit einer Gradierung der Sedimentkörner (jede Flyschbank ist unten grobkörnig und oben feinkörnig). Flyschbänke entstehen als Neuablagerung abgerutschter Sedimente des Schelfabhangs in die Tiefsee (das Abrutschen erfolgt aufgrund von Hebungen des Meeresbodens, die im Zusammenhang mit beginnenden Gebirgsbildungen stehen).

7.4 REGIONEN

Die tektonische Karte der Schweiz (Karte 7.11) zeigt anhand der verschiedenen Farben den grosstektonischen Aufbau der Schweiz mit seinen regional vorkommenden Bauelementen auf:

- Blaue Farbe im Nordwesten: Juragebirge bzw. unverfalteter Tafeljura
- Gelbe Farbe im südöstlich daran anschliessenden Gebiet: Mittelland/ Molassse
- Andere Farben in den Regionen weiter gegen Süden und Südosten: Massive (rot) und einzelne Deckenelemente (andere Farben) der Alpen

Im Norden sind die beiden Massive Vogesen und Schwarzwald (rot) mit dem dazwischen gelegenen Rheintalgraben dargestellt (gelb = Molasseablagerungen, vergleichbar mit denjenigen im Schweizer Mittelland).

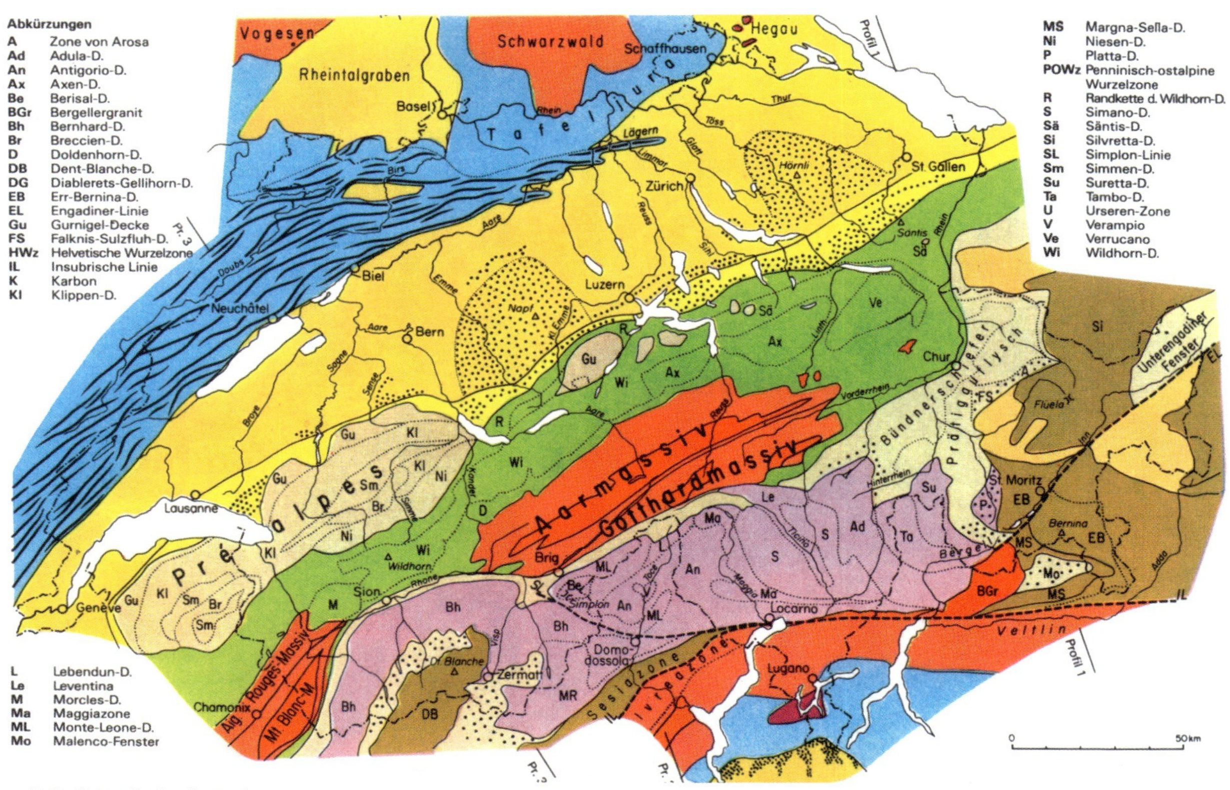

Karte 7.11: Tektonische Karte der Schweiz (stark vereinfacht).

7.4.A JURA

Verbreitung

Der Jura ist das markante Gebirge im Nordwesten und Norden der Schweiz, das sich von Genf in einem weiten Bogen über Neuenburg und Biel bis ins Zürcher Unterland erstreckt. Der Jura findet seine Fortsetzung im Südwesten nach Frankreich und im Norden nach Deutschland (Schwäbische Alb).

Landschaft

Die Landschaft des Juras ist in seinem Südbereich durch lange Hügelketten mit auffälligen Längstälern charakterisiert. Diese Hügelketten werden stellenweise von schmalen Quertälern, so genannten *Klusen*[11], unterbrochen. Im Norden schliessen nur noch schwach gewellte Hügel (so genannte Hochplateaus) sowie flach liegende oder flach geneigte Gebiete an.

[11] Im Jura beobachtet man immer wieder enge, schluchtartige Quertäler – so genannte Klusen (Abbildung 7.12). Klusen bilden sich, wenn ein Fliessgewässer während einer Gebirgsfaltung seinen ursprünglichen Lauf beibehält und die sich hebende Gesteinsschicht «durchfrisst».

Abbildung 7.12: Faltenjura bei Moutier
mit der Klus[11] durch die Mont-Raimeux-Kette
(Blick Richtung NE)

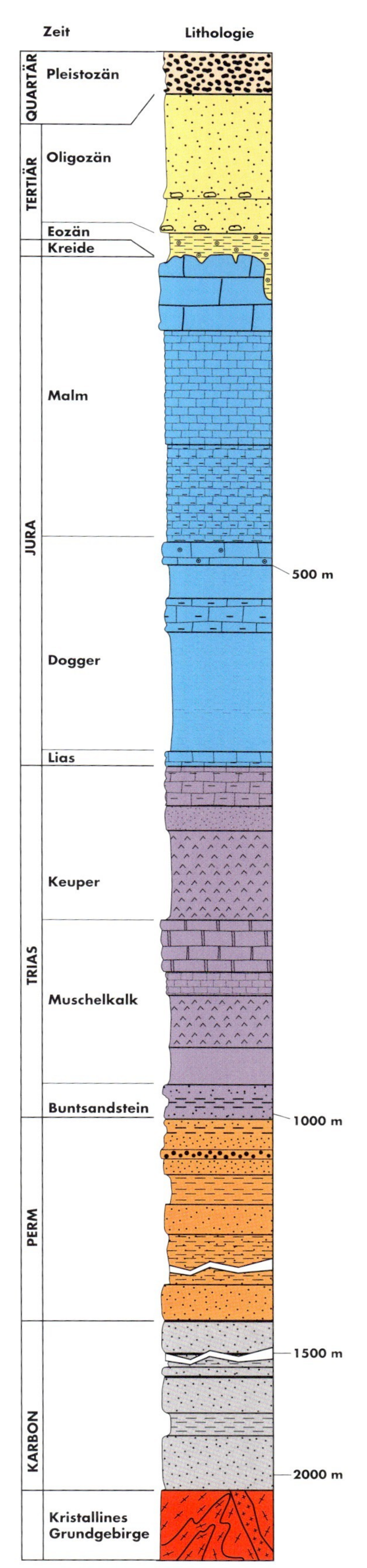

Profil 7.14: Standard-Schichtreihe
des Juras (Legende zu den
Gesteinsschichten siehe Tafel 7.36).

Bau des Juras

Diese Oberflächenformen wiedergeben den geologischen Bau des Juragebirges: Der Gebirgsteil im Süden, dessen Gesteinsformationen im Zuge der alpinen Gebirgsbildung über ihrer Unterlage, dem starren kristallinen Grundgebirge, zusammengeschoben und in Falten gelegt wurden, wird als *Faltenjura* bezeichnet. Im nördlichen Teil des Gebirges liegen die Gesteinsserien unverfaltet auf dem kristallinen Grundgebirge. Diesen Teil des Juras bezeichnet man als *Tafeljura*.
Der kristalline Grundsockel (metamorphe Gesteine) des Juras taucht erst weiter gegen Norden in den Vogesen und im Schwarzwald auf.

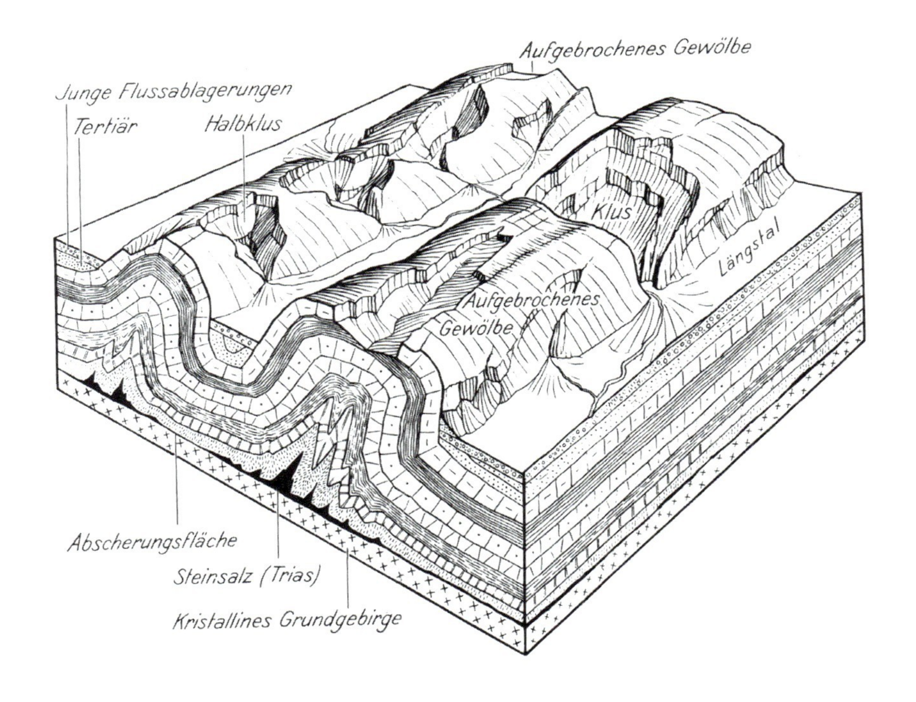

Blockbild 7.13: Schematischer Bau und
Oberflächenformen des Juras.

Abbildung 7.15: **Oben:** Salzkaverne (Salzabbau mittels Pneu-Schaufelladern). **Unten:** moderner Salzabbau (Vortrieb von Bohrlöchern in die Salzlagerstätte und Herauslösen des Salzes mittels Wasserdruckpumpen) (Salzbergwerk Bernburg, Deutschland/ Rheinsalinen AG, Basel).

Standard-Schichtreihe des Juras

Der Jura ist im Wesentlichen aus fossilhaltigen und gut geschichteten Sedimenten (vorwiegend Kalkgesteine, untergeordnet auch Tonschichten und Sandsteine) aufgebaut.
Die ältesten Schichten des Juras, die Trias, werden durch Anhydrit- und Steinsalzschichten gebildet. In der Nähe von Basel wird aus diesen Gesteinen in einigen hundert Metern Tiefe Salz gewonnen, welches wir in den Geschäften als Speise- oder Streusalz kaufen. Unser Spaghetti-Wasser enthält also rund 200 Millionen Jahre altes Jura-Salz!

Wegen der im Jura hervorragend sichtbaren und durch viele Fossilfunde gut dokumentierten Schichtreihen wird die geologische Zeitperiode zwischen etwa 210–140 Millionen Jahren weltweit als «Jura» bezeichnet.

7.4.B MITTELLAND

Abbildung 7.16: Jurasüdfuss und Mittelland, im Hintergrund die Alpen (Blick über Grenchen nach NE).

Verbreitung

Das Mittelland befindet sich zwischen dem Jura im Norden und den Alpen im Süden. Rund 60% der Schweizer Bevölkerung siedelt in dieser Region. In der Genferseeregion ist das Mittelland nur wenige Kilometer breit, erreicht jedoch im Bodenseegebiet eine Ausdehnung von Nord nach Süd von mehr als 100 km.

Landschaft

Das Mittelland präsentiert sich über weite Gebiete als sanfte Hügellandschaft, welche durch die markanten mittelländischen Flussläufe und Seen geprägt wird. Vereinzelt finden sich herausragende Hügel, vor allem in Alpennähe.

Abbildung 7.17: Voralpenlandschaft mit dem Hörnli im Hintergrund.

Bau des Mittellandes

Der tiefer gelegene Untergrund des Mittellandes besteht wiederum aus dem kristallinen Grundgebirge und – darauf liegend – denselben mesozoischen Sedimentabfol-

gen wie im Juragebirge, allerdings unverfaltet. Man kann somit festhalten, dass die Sedimente des Juras eine Fortsetzung nach Süden bis unter das Mittelland haben.
Die darüber liegenden Ablagerungen im Mittelland werden als *Molasse* bezeichnet und bestehen im Wesentlichen aus Konglomeraten (so genannte Nagelfluh), Sandsteinen und vereinzelt Brekzien. Diese Gesteine sind der Abtragungsschutt der Alpen und untergeordnet auch des Juragebirges. Sie wurden durch Flüsse während einer Zeitspanne von 30 Millionen Jahren in das zwischen dem werdenden Jura und den werdenden Alpen als Senke ausgeprägte Mittellandbecken (Molassebecken) transportiert und dort abgelagert. Lokal beschränkt sind darin dünne Schichten von Kohle enthalten. Man nennt diese Ablagerungen auch «Süsswassermolasse».
In den Schichtabfolgen der Süsswassermolasse sind alternierend auch Gesteinsserien von Meeresablagerungen (mit Resten von Meeresfossilien und Haifischzähnen) eingeschaltet. Diese Abfolgen werden auch als «Meeresmolasse» bezeichnet. Diese Meeresmolasse wurde abgelagert, als jeweils ein schmaler Meeresarm der Nordsee über die so genannte Pforte von Basel bis in das Gebiet des Mittellandes vorstossen konnte, dieses überflutete und marin geprägte Sedimente zur Ablagerung gelangten. Die Molasse besteht insgesamt aus je zwei Wechsellagerungen von Süsswasser- und Meeresmolasse.

Für das Mittelland prägend sind die unterschiedlichen geografischen Ablagerungsräume des Gebirgsschuttes: In Alpennähe bildeten die Flüsse markante Deltakörper, welche noch heute als landschaftsprägende Voralpenhügel in Erscheinung treten (Mont Pèlerin, Napf, Speer, Hörnli). Es verwundert deshalb nicht, dass die Dicke der Gesteinsschicht der Molasse am Alpenrand rund 5'000 Meter mächtig ist! Gegen Norden reduziert sich der Sedimentstapel und keilt im Jurasüdfuss schliesslich aus.

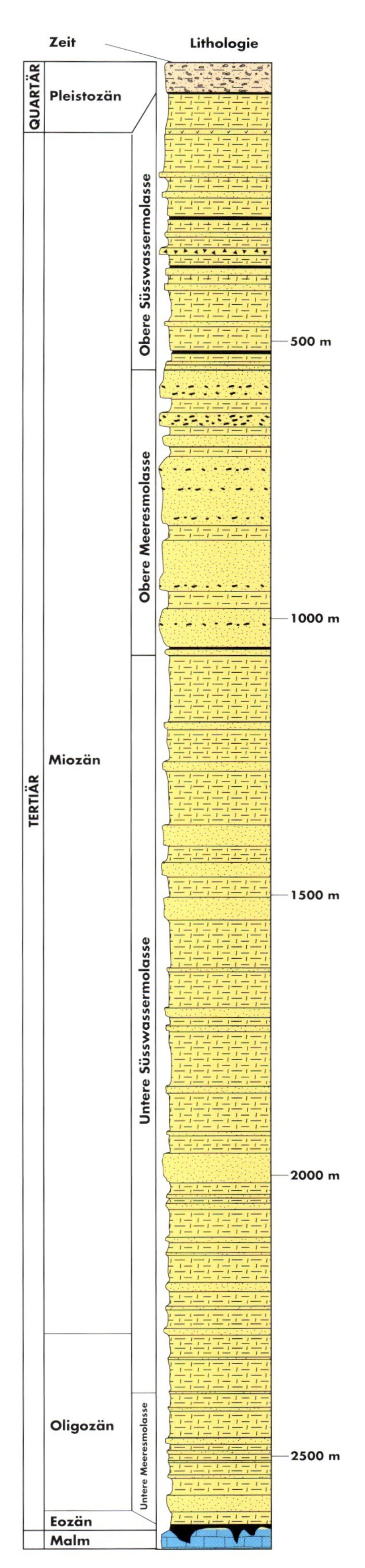

Profil 7.18: Durchschnittsprofil durch die Gesteinsabfolgen des Mittellandes bei Küsnacht (Legende zu den Gesteinsschichten siehe Tafel 7.36).

Abbildung 7.19: Schotterablagerungen im Rafzerfeld, welche als Kies für die Zementindustrie abgebaut werden.

Überdeckung des Mittellandes

Das Mittelland ist auf weiten Strecken von einer dünnen Schicht von Lockergesteinen überdeckt, vorwiegend von *Moränen* (unsortierte Kiese, Sande und Silte) und *Schottern* (sortierte Kiese, Sande und Silte).

Die Moränen sind Ablagerungen der eiszeitlichen Vergletscherungen: Gletscher «schleifen» im Gebirge die Felsen ab, und das langsam vom Gebirge zu Tal fliessende Eis transportiert und zerkleinert das erodierte Gestein, das schliesslich in Form von Seiten- oder Grundmoränen neben oder unter der Gletscherzunge wieder abgelagert wird.

Schotter sind Ablagerungen von neuzeitlich fliessenden Gewässern, welche ihre Fracht – wie früher die Gletscher – vom Alpenraum abtransportieren. Vorwiegend in diesen Ablagerungen fliesst das kostbare und unersetzliche Grundwasser für die Schweizer Bevölkerung.

7.4.C ALPEN

Verbreitung

Die Alpen sind ein Gebirge, das sich in einem weiten Bogen von Nizza bis Wien über mehr als 1'000 km erstreckt. Die Schweizer Alpen stellen den zentralen Abschnitt dieses grossen Gebirges dar, welches dank seiner zentralen Lage in der Mitte Europas, seiner guten Erschliessung und über 200 Jahre andauernden Erforschung durch Geologen der wohl am besten untersuchte Höhenzug der Welt ist.

Landschaft

Die Alpenlandschaft ist geprägt von mächtigen Gebirgen und Gebirgszügen mit verschiedenen Höhen, die im Gebiet des Monte-Rosa 4'600 Meter erreichen. Dazwischen markieren hoch- oder tiefgelegene Längs- und Seitentäler oder gar Schluchten den Alpenkörper. Diese Täler können sich über grosse Distanzen erstrecken (Rheintal, Rhonetal).
Im Alpenrandgebiet zeigen die Gebirge bis zu einer Höhe von rund 1'500 Metern sanft erscheinende Gebirgsflanken. Es ist dies das Ergebnis der eiszeitlichen Vergletscherungen, welche die Felsen an den Talflanken «polierten». Darüberliegende Gebirgsflanken lassen kantigere Felspartien erkennen. Je weiter man jedoch in den Alpenkörper vorstösst, desto höher gelegen ist diese Grenze.

Abbildung 7.20: östliche Schweizer Alpen im Gebiet Berninapass-Oberengadin (Blick Richtung NW).

BAU DER ALPEN

Aufgrund ihrer verschiedenartigen Bauweise und ihrer verschiedenen Gesteinsserien mit unterschiedlicher Herkunft können die Alpen in die folgenden fünf Baueinheiten, so genannten *tektonischen* Grosseinheiten, gegliedert werden.

- Massive
- Helvetikum
- Penninikum
- Ostalpin
- Südalpin

Über die Entstehung der Bauweise der Alpen gibt Kapitel 7.2 Auskunft.

7.4.C 1 BAU DER MASSIVE

Die Massive bestehen einerseits aus einem rund 300 Mio. Jahre alten «Kristallin», welches aus verschiedensten metamorphen Gesteinen (Gneise, Schiefer) zusammengesetzt ist, und andererseits aus jüngeren magmatischen Gesteinen, meist Graniten, die erst während der Alpenbildung – als Plutone – in das vorhandene Umgebungsgestein eingedrungen sind.

Verbreitung der Massive

Die Massive liegen nördlich der Tal-Linien Martigny–Chur. Dazu gehören das kristalline Grundgebirge, welches in der Zentralschweiz in Aar- und Gotthard-Massiv und in der Westschweiz in Aiguilles-Rouges- sowie Mont-Blanc-Massiv unterteilt wird. Es ist dasselbe Grundgebirge, welches weiter nördlich den Untergrund des Mittellandes und des Juras bildet und in den Vogesen und im Schwarzwald wieder zu Tage tritt.

Abbildung 7.21: Mont-Blanc

7.4.C 2 BAU DES HELVETIKUMS

Die Sedimentgesteine, welche den oben erwähnten Massiven aufliegen, nennt man Helvetikum. Während der Alpenbildung wurde das Helvetikum teilweise vom kristallinen Grundgebirge abgelöst, in eigene Einheiten zerrissen, verfaltet und mehrere Dutzend Kilometer nach Norden verfrachtet. Diese vom Grundgebirge abgelösten und verfrachteten Einheiten nennt man «Helvetische Decken».

Standard-Schichtreihe des Helvetikums (Profil 7.22)

Die Helvetischen Decken – wie auch die auf dem Grundgebirge verbliebenen Helvetikumsteile – bestehen im Wesentlichen aus mesozoischen, mehr oder weniger fossilhaltigen Sedimenten (vorwiegend Kalke und Kieselkalke, untergeordnet Dolomite und Sandsteine).

Verbreitung des Helvetikuns

Die Helvetischen Bauelemente der Alpen bilden im Wesentlichen den nördlichen Alpenbogen zwischen der Rhone (nördlich von Martigny) und dem Rhein (Raum Sargans–Feldkirch).

Abbildung 7.23: Wildhorn im Berner Oberland.

Profil 7.22: Durchschnittsprofil durch die Gesteinsabfolgen des Helvetikums (Legende zu den Gesteinsschichten s. Tafel 7.36)

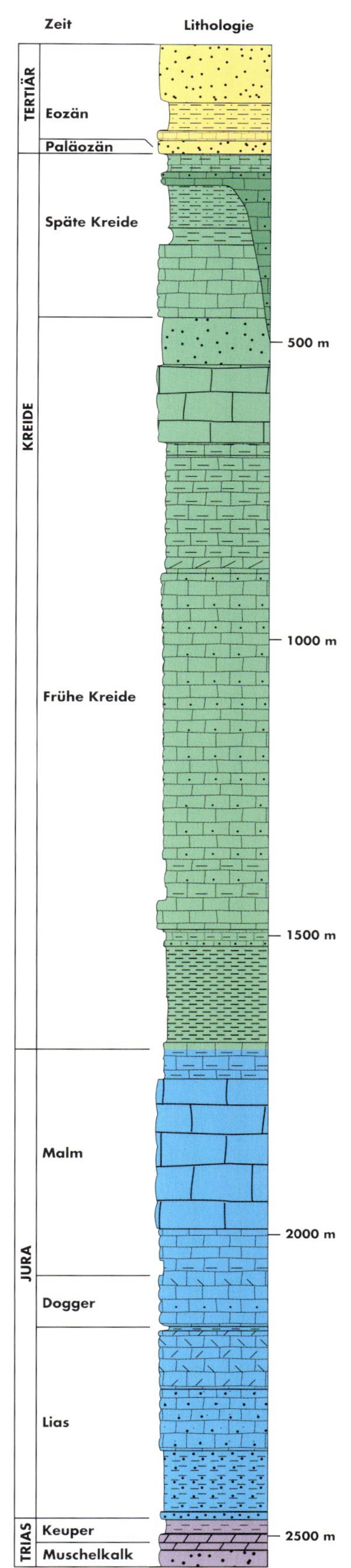

Zeit | Lithologie
Kreide
Malm
JURA
Lias/Dogger
TRIAS
Keuper
1000 m
2000 m
Muschelkalk
Buntsandstein
3000 m
PERM

Profil 7.27: Durchschnittsprofil durch die Gesteinsabfolgen des Ostalpins (Legende zu den Gesteinsschichten siehe Tafel 7.36).

7.4.C 3 BAU DES PENNINIKUMS

Anders als in den Nordalpen hat die Alpenfaltung im Penninikum den kristallinen Untergrund (z.B. das Monte-Rosa-Massiv) miterfasst. Sowohl die Sedimenthülle als auch das dazugehörige kristalline Grundgebirge wurden während der Alpenfaltung in zahlreiche Teildecken zerbrochen, intensiv verfaltet, gehoben und nach Norden transportiert.

Standard-Schichtreihe des Penninikums (Profil 7.25)

Während die im Jura, im tiefen Untergrund des Mittellandes und im Helvetikum auftretenden Sedimente vorwiegend Ablagerungen aus den Küsten- und Schelfgebieten darstellen, sind die Gesteinsformationen des Penninikums vor etwa 100 Millionen Jahren in drei Ablagerungszonen mit unterschiedlicher Prägung entstanden:
Im Piemonteser Ozean sind basaltische Gesteine (Ophiolithe) aufgrund vulkanischer Tätigkeit im Erdkrustenbereich entstanden. Diese liegen heute in Form von Gabbros oder Peridotiten vor.
Im Walliser Ozean lagerten sich mächtige Sedimente vorab aus Silten und Tonen ab, aus welchen später die Bündner Schiefer entstanden sind.
In der Briançonnais-Schwelle (Abbildung 7.5) zwischen den beiden Ozeanen wurden küsten- und schelfähnliche Sedimente abgelagert.

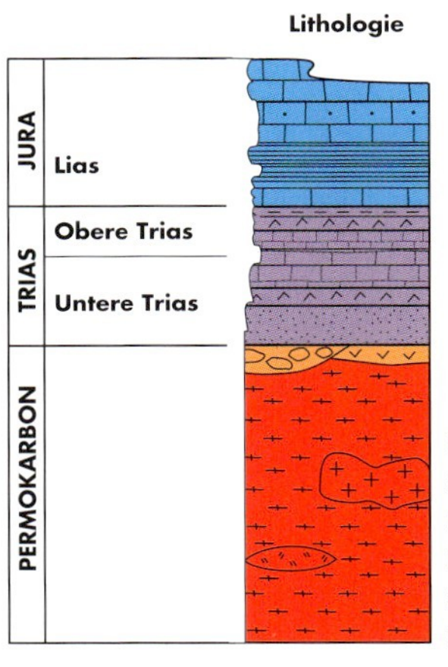

Profil 7.25: Durchschnittsprofil durch die Gesteinsabfolgen des Penninikums (Legende zu den Gesteinsschichten siehe Tafel 7.36).

Abbildung 7.24: Region des Lukmanier-Passes.

Verbreitung des Penninikums

Das Penninikum umfasst den zentralen Teil des Alpengebäudes mit den Walliser Alpen südlich der Rhone, dem Nordtessin und dem Hauptanteil des Graubündens.

7.4.C 4 BAU DES OSTALPINS

Wie auch im Penninikum hat die Faltung im Ostalpin den kristallinen Untergrund miterfasst. Sowohl die Sedimenthülle als auch das dazugehörige kristalline Grundgebirge wurden während der Alpenfaltung in zahlreiche Teildecken zerbrochen, intensiv verfaltet, gehoben und nach Norden transportiert.
Die ostalpinen Decken sind Teile des afrikanischen Kontinents, welche bis zu 100 km weit auf den europäischen Kontinent überschoben wurden. Das Matterhorn, ohne Zweifel ein Nationalsymbol der Schweiz, ist also ein afrikanisches Geschenk!

Abbildung 7.26: Matterhorn im Wallis.

Standard-Schichtreihe des Ostalpins (Profil 7.27)

Die Ostalpinen Gesteine bestehen einerseits aus Ophiolithen, welche im südlichen Teil des Piemonteser Ozeans (siehe auch Penninikum) entstanden, und andererseits aus Sedimenten, welche weiter im Süden im Ostalpinen Schelf zur Ablagerung gerieten.

Verbreitung des Ostalpins

Das Gebirge östlich der Linie St. Moritz–Chur–Rhein bis Bodensee wird als Ostalpin bezeichnet. Ihren Namen haben diese tektonischen Elemente von den Ostalpen erhalten, wo sie im deutsch-österreichischen Alpenraum ein Areal von rund 50'000 km^2 bedecken. Weitere ostalpine Elemente finden sich aber auch in den Walliser Alpen im Bereich von Zermatt (z.B. Matterhorn). Das Ostalpin ist ein mächtiges Deckengebirge, welches die Penninischen Decken überlagert und das höchste Bauelement der Alpen repräsentiert.

7.4.C 5 BAU DES SÜDALPINS

Das Südalpin hebt sich gegenüber den anderen Bauelementen der Alpen durch eine recht einfache Bauweise ab. Es besteht aus einem einheitlichen kristallinen Grundgebirge, über welchem sich permische Vulkanite und darüber unverfaltete Sedimentabfolgen befinden.

Abbildung 7.28: Abbau permischer Rhyolithe bei Cuàsso al Monte (Nähe Luganersee auf italienischer Seite).

Standard-Schichtreihe des Südalpins (Profil 7.29)

Der Untergrund wird von einem einheitlichen kristallinen Grundgebirge (auch Seengebirge genannt) gebildet. Aussergewöhnlich für die Geologie der Schweiz sind die in den Südalpen aufgrund vulkanischer Tätigkeit entstandenen Rhyolithe (= permische Vulkanite), die im Gebiet des Luganersees das kristalline Grundgebirge überdecken.
Darüber befinden sich die südalpinen marinen Gesteinsabfolgen, die sich in eine westliche Zone (Luganeser Schwelle) und in eine östliche (Generoso-Trog) unterteilen lassen (Abbildung 7.5).
In den Trias-Dolomitschichten dieser Sedimente befindet sich am Monte San Giorgio bei Lugano die ergiebigste Fundstelle von Saurier-Fossilien in der Schweiz.

Abbildung 7.30: Monte San Giorgio mit Damm von Melide.

Abbildung 7.31: Saurier-Fossilien aus der Trias des Monte San Giorgio.

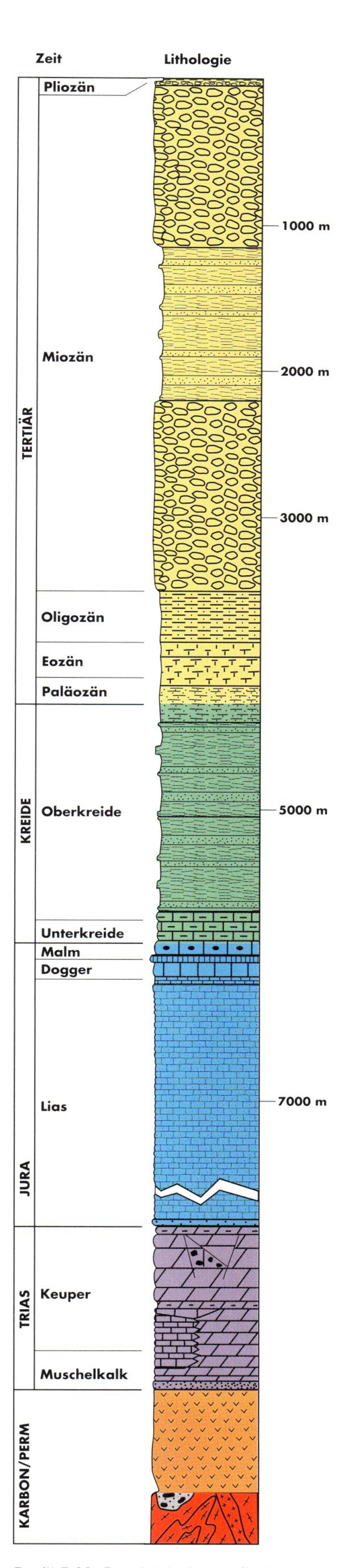

Profil 7.29: Durchschnittsprofil durch die Gesteinsabfolgen des Südalpins (Legende zu den Gesteinsschichten s. Tafel 7.36).

Abbildung 7.32: Seitenmoräne im Gebirge (im Hintergrund der Gletscher).

Verbreitung des Südalpins

Die Südalpen umfassen die Alpenregion südlich der Insubrischen Linie (siehe Abbildung 7.9 und Karte 7.11) bis zur Po-Ebene.

7.4.C 6 ÜBERDECKUNG DER ALPEN

Die Alpen waren im Zeitraum der letzten 1'000'000 Jahre aufgrund globaler Klimaveränderungen insgesamt vier Mal von grossen Gletschern überdeckt, die sich weit in das Flachland ausgebreitet hatten. Die letzte dieser Eiszeiten (Würm-Eiszeit) endete erst vor rund 10'000 Jahren.
Diese letzte Eiszeit hat die Spuren früherer Frostperioden weit gehend verwischt. Sie prägt aber den Alpenraum durch markante Moränenablagerungen (erratische Blöcke, Schotter, Kiese und Sande, teilweise mit tonigen oder siltigen Zwischenlagen in so genannten Seiten- und Grundmoränen).

7.4.C 7 DER ALPENSÜDRAND - EINE WICHTIGE GRENZE: DIE INSUBRISCHE LINIE

Abbildung 7.33: Die Nebeldecke beim Vierwaldstättersee verbildlicht den Gletscherstand während der letzten Eiszeit und zeigt in etwa auf, wie die Landschaft damals ausgesehen haben mag.

Während der Alpenbildung haben Druck- und Temperaturzunahme im Untergrund zur Veränderung von ursprünglichen Gesteinen geführt, der so genannten Gesteinsmetamorphose. Die Metamorphose hat jedoch nicht alle Gesteine in den Alpen gleichermassen erfasst. Untersucht man die Gesteine in den Alpen auf ihre Metamorphose, stellt man fest, dass diejenigen des Penninikums und des Ostalpins aufgrund ihrer starken Deformation in hohem Grad metamorphisiert wurden, nicht aber diejenigen der Südalpen. Diese wurden aufgrund schwacher Deformation nur geringfügig verändert. Ebenso wurden die Gesteine des Helvetikums kaum metamorphisiert.
Zwischen den stark metamorphisierten Gesteinen des Penninikums sowie der Ostalpen und den schwach veränderten Gesteinen der Südalpen kann man eine Grenze ziehen, die so genannte «Insubrische Linie» (Abbildung 7.9 und Karte 7.11). Diese verläuft von Ivera über das Centovalli nach Locarno und von dort weiter Richtung Osten bis ins Veltlin. Die dort auffindbaren Gesteine weisen den höchsten Metamorphosegrad auf.

Abbildung 7.34: Hochmetamorpher Migmatit der Insubrischen Zone bei Domodossola (Italien).

Abbildung 7.35: Albigna-Stausee mit Bergeller Granitgesteinen.

Bei der Insubrischen Linie handelt es sich um ein gewaltiges Bruchsystem, entlang welchem der nördliche Block im Tertiär um rund 15 km herausgehoben wurde! Entlang dieser Insubrischen Linie sind im Bergell vor rund 30 Millionen Jahren riesige plutonische Körper mit Granitbildungen entstanden, als der nördliche Block, relativ zum südlichen, zusätzlich um etwa 60–70 km nach Osten verschoben wurde.

Schotter	Radiolarit
Sandstein	Brekzie
Sandstein mit Nagelfluh	Konglomerat
Kalkstein	Bohnerz
Kieselkalk	Granit
Toniger Kalk	Serpentinit
Tonschiefer	Gabbro
Dolomit	Kissenlava
Gips	Vulkanite
Kohle	Gneis / Glimmerschiefer

Tafel 7.36: Legende zu den Gesteinsschichten der Profile 7.14, 7.18, 7.22, 7.25, 7.27 und 7.29.

7.5 ÜBERSICHT ÜBER DIE WICHTIGSTEN GESTEINE DER REGIONEN

Die folgende Tabelle fasst die wichtigsten Gesteine der drei Regionen Jura, Mittelland und Alpen zusammen (siehe auch Kapitel 10):

	Jura	Mittelland	Alpen
Sedimentgesteine	Sandstein Kalk Ton Gips Anhydrit Steinsalz	Sandstein Brekzie Konglomerat Muschelkalk	Sandstein Kalk Dolomit
Magmatite			Gabbro Granit Rhyolith
Metamorphite			Tonschiefer Gneis Quarzite Marmor Serpentin

Abbildung 8.1: Schema Abbau/Verarbeitung Natursteine.
Rund 80% der Ausbeute und Produktion können wirtschaftlich nicht genutzt werden!

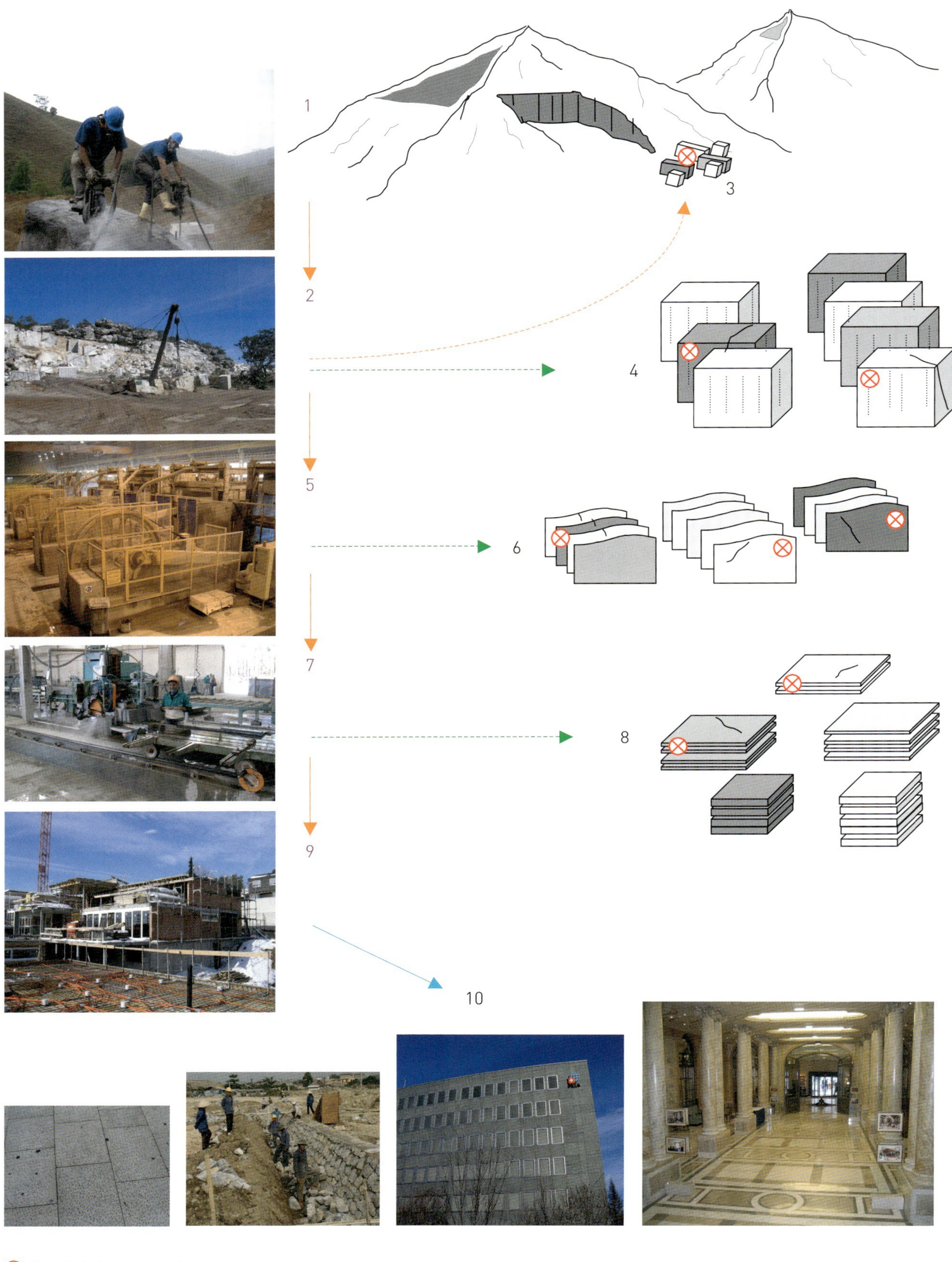

⊗ Produktionsausschuss

8 Natursteingewinnung

Um aus Festgestein – dem Fels im eigentlichen Sinne – überhaupt Steinprodukte herstellen zu können, muss das Gestein vorerst aus dem Felsen herausgelöst werden. Seiner Kompaktheit und Härte wegen kann das nicht, wie etwa bei Lockergesteinen (Kiese, Sande), mit einem Bagger geschehen, sondern es müssen andere Methoden eingesetzt werden.

Abbildung 8.2: Abbau von Naturstein im Gneis-Steinbruch bei Cresciano (Cave Ongaro SA, Cresciano TI).

8.1 TAGBAU / UNTERTAGBAU

Beim Abbau von Natursteinen unterscheidet man zwischen Tagbau (Gewinnung von Naturstein in einem offenen Steinbruch direkt an der Erdoberfläche) und Untertagbau (Ausbeutung des Felsens in unterirdischen Stollen, Schächten oder Kavernen).

Tagbau

Wenn immer möglich, entscheidet man sich für den Tagbau. Dieser ermöglicht eine laufende Erweiterung des Steinbruchareals nach Massgabe des Abbaubedarfs. Ausserdem erleichtert die Natursteingewinnung bei Tageslicht die Abbauarbeit, womit auch das Unfallrisiko der Steinbrucharbeiter auf einem tiefen Niveau gehalten werden kann. Auch wirtschaftliche Gründe sprechen für den Tagbau: Die Gewinnung von Naturstein in einem offenen Steinbruch ist verhältnismässig günstig.

Untertagbau

Im Untertagbau wird Naturstein in der Regel nur dann ausgebeutet, wenn dieser in Bezug auf Farbe, Beschaffenheit und Struktur Seltenheitswert hat und auf dem Markt entsprechend gefragt ist. Der Untertagbau ist aufgrund der Stollen, Kavernen und Schächte, die in den Felsen vorgetrieben bzw. gesprengt werden müssen, ein sehr teures Abbauverfahren. Die Sicherheitsmassnahmen (Stollen- und Felssicherung mittels Felsankern, Stützpfeilern, Sicherheitsnetzen, Sicherungskalotten oder Tübbings) wie auch die hohen Unfallversicherungsprämien treiben damit die Abbaukosten in die Höhe. Ausserdem müssen «Abbaubrust» und Zufahrtsstollen künstlich beleuchtet und belüftet werden, was die Abbauarbeit grundsätzlich erschwert und zudem das Unfallrisiko der Arbeiter erhöht.

Gewinnung von Naturstein im Untertagbauverfahren.

Abbildungen 8.3: Kaverne in Krauchthal.
Abbau Berner Sandstein (Carlo Bernasconi AG, Bümpliz).

Abbildungen 8.4: Kaverne in der Region von Genua (Italien).
Abbau Fontanabuona-Schiefer (Paolo Arata S.p.a., Isolona, Italien).

8.2 ABBAUVERFAHREN

Im Tagbau- oder Untertagbauverfahren können nun als Erstes die Rohblöcke gewonnen werden (Abbildungen 8.5–8.19). Man unterscheidet dabei mehrere Verfahren: Sprengen, Spalten, Schlitzen und Flammengewinnung.

Sprengen

Bohrlöcher müssen je nach Gesteinsstrukturen richtig angeordnet und mit Sprengstoff (Schwarzpulver/modernen Sprenggelatinen/Knallzündschnur/speziellen Flüssigkeiten oder Pasten, die sich nach deren Erhärtung langsam, aber kraftvoll ausdehnen) gefüllt werden. Aufgrund der gewaltsamen Trennung der Gesteine entstehen oft Risse, auch das Zerbrechen oder Anreissen von Gesteinsblöcken ist keine Seltenheit. Dadurch geht leider viel Material verloren. Einzig die Pflaster- und Mauersteinherstellung hat abfallökonomisch eine positive Bilanz, da die kleinen Stücke verwertet werden.

Abbildungen 8.5: **Links:** Abteufen von Bohrlöchern an einem zu sprengenden Gabbro. **Rechts:** Fachmännisch gesetzte Bohrlöcher (Mameri SA, Cachoeiro, Brasilien).

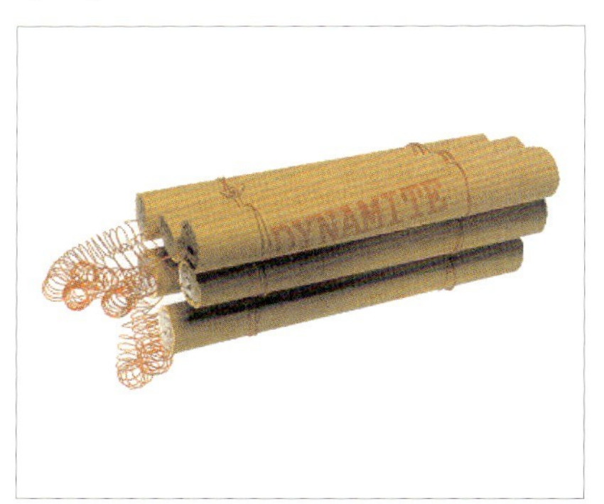

Abbildung 8.6: Dynamitkartuschen und Zündkapseln (Kapseln mit verschiedenen Zeitverzögerungen) (Prospektfoto).

Foto: Hj. Bärlocher

Abbildung 8.7: Sprengung in einem Steinbruch (Cave Ongaro SA, Cresciano TI).

Abbildung 8.8: Links Bohrlöcher mit eingefügter Knallzündschnur, rechts Zündsprengkapsel an Knallzündschnur angeheftet.

Abbildung 8.9: mit Sprengpaste (Ausdehnungspaste) aufgesprengter Block. Gut sichtbar: Bohrlöcher und hellgraue Sprengpaste).

Spalten

Eine sinnvolle Ergänzung zum Sprengen ist das Spalten. Allerdings ist diese Methode in der Regel nur für gut spaltbare Materialien wie Gneise oder Schiefer geeignet. Dabei werden die Blöcke, vorerst aus dem Felsverbund herausgefräst oder -gesprengt, und die Gewinnung der eigentlichen Rohlinge in der gewünschten Endgrösse (meistens kleinere Stücke für die Herstellung von Randsteinen oder rohgebrochenen Platten) erfolgt dann mittels Spalten mit Eisenkeilen längs der vorhandenen Spaltflächen. Auch feinkristallin-homogen auskristallisierte Gesteine – wie beispielsweise Granite oder Sandsteine – lassen sich bisweilen gut spalten: Vorerst werden kleine Löcher in das Gestein gebohrt, anschliessend Rundmeissel aus Eisen eingebracht und Werkzeug für Werkzeug eingeschlagen. Von Bedeutung ist dabei, dass die Meissel nicht einzeln bis zur endgültigen Tiefe eingeschlagen werden: Jeder Meissel darf jeweils nur einige wenige Millimeter eingetrieben werden, bis der Rohling über die gesamte Bruchfläche gleichzeitig spaltet. Das Spalten erfordert somit eine Abfolge wiederholter Schlagvorgänge bei allen eingesetzten Meisseln. Es handelt sich dabei um eine aufwändige – und nicht ganz ungefährliche – Handarbeit.

Abbildung 8.10: angebohrter und danach rohgespaltener Sandsteinblock (Bärlocher AG, Staad).

Abbildungen 8.11: manuelles Spalten von Fontanabuona-Schiefern.

Abbildung 8.12: Abheben von Tonschieferplatten mit dem Gabeltrax (die Platten wurden vertikal vorgesägt) (MAP, Felixandria, Brasilien).

Schlitzen

Dem eher unkontrollierbaren Abbau durch Sprengung steht das Schlitzverfahren gegenüber. Dazu zählt man alle Methoden, bei welchen die gewünschte Blockgrösse in irgendeiner Form direkt aus dem Fels heraussägt werden. Insbesondere das *Diamantseil*, das von einer Motorwinde und über im Steinbruch geschickt platzierten Umlenkrollen den Felsblock heraustrennt, hat sich in den letzten Jahren durchgesetzt. Bei diesem sind auf einem Stahlkabel Bronzeperlen aneinander gereiht, die Diamantsplitter (das härteste, natürlich vorkommende Mineral) enthalten. Um das Seil in den Fels einführen zu können, müssen natürlich zuerst Löcher gebohrt werden, durch die das Seil dann eingefädelt oder mit Druckluft eingeblasen wird.

Abbildung 8.13: Umlaufrollen einer Diamantseilsäge (Prospektfoto).

Abbildung 8.14: Diamantseil mit Diamantperlen (die Diamantperlen werden jeweils in gewissen Abständen im Stahlseil eingefädelt, dazwischen sind gelenkige Distanzhalter aus Kunststoffhülsen (seltener aus Stahlfedern) eingefügt.

Abbildung 8.15: Blockabbau mit Diamantseil: Im Vordergrund der Steuerungskasten, dahinter auf Führungsschienen die Seilwinden. Diejenige im Hintergrund ist in Aktion: Man erkennt das diagonal und horizontal verlaufende Diamantseil. Da das Seil eine fixe Länge hat, muss mit dem Fortschritt des Felsschnitts der Seilwindwagen auf den Schienen sukzessive zurückgeschoben werden (Minaco Ltd., Ga-Rankuwa, Südafrika).

Flammengewinnung

Nach wie vor in Gebrauch sind die so genannten *Feuerlanzen*. Bei diesem Instrument brennt sich eine Flamme (unter Gasdruck stehendes Gemisch aus Petroleum und Sauerstoff), die an einer Düse an der Spitze eines langen Führungsrohres abbrennt, unter hohen Temperaturen in das Gestein ein und trennt dieses dann auf. Die Feuerlanzen werden von den Steinbrucharbeitern von Hand geführt – eine oft gefährliche Arbeit!

Thermische Abbrenntechnik mit Lanzen

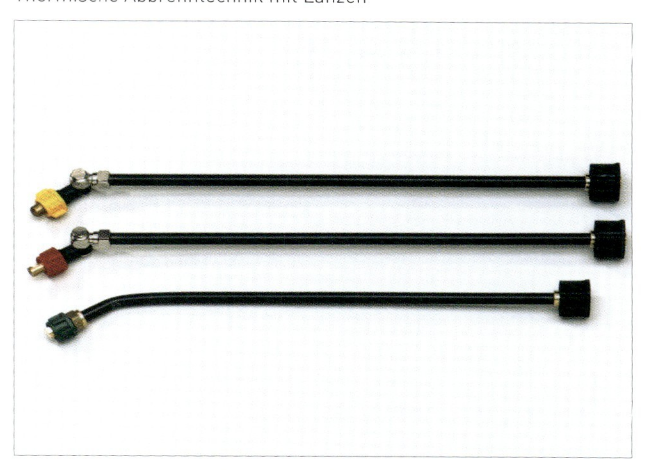

Abbildung 8.16: Lanzen (Zufuhr des Brenngemischs über Schläuche, die an die farbigen Kupplungsstücke angesteckt werden), am Lanzenende die Düsenköpfe (Prospektfoto).

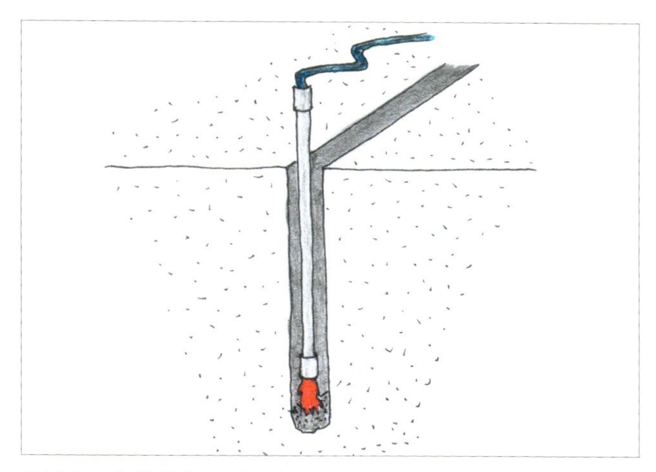

Abbildung 8.17: Schema des Schneidens mit der Lanze.

Abbildung 8.18: Abbrenntechnik mit einer Lanze: Anfeuern der Lanze (Haicang Quarry, Xiamen, China).

Abbildung 8.19: Geschafft! Rohblocklager mit Natursteinblöcken in verschiedenen Abmessungen zur weiteren Verarbeitung (man beachte die Spuren der Bohrlöcher an den Rohblöcken) (Jingyue Stone Industrial Ltd., Xiamen, China).

9 Verarbeitung von Naturstein

9.1 HERSTELLUNG VON HALBFABRIKATEN

Nach der Entnahme von etwa 6–12 Kubikmeter grossen Blöcken (entspricht einem Gewicht von etwa 15–30 Tonnen!) ist der erste Schritt der Blockverarbeitung das Auftrennen in Unmassplatten.
Für die Wahl des Auftrennverfahrens ist die Klassierung der Natursteine ausschlaggebend. Hiefür werden die Gesteine in der natursteinverarbeitenden Industrie traditionell in zwei Gruppen eingeteilt. Man unterscheidet lediglich zwischen Weich- und Hartgesteinen:

Bezeichnung als Naturstein	Weichgestein	Hartgestein
Geologische Klassifikation	Sedimentgesteine (ohne harte Sandsteine)	magmatische und metamorphe Gesteine (ohne die bei den Weichgesteinen aufgeführten Ausnahmen)
	Marmor, Serpentinit sowie einige Schiefer	harte Sandsteine

Tabelle 9.1: Einteilung der Gesteine in der natursteinverarbeitenden Industrie.

Hartgesteine werden heute meist mit der *Gattersäge*, auch *Telaio* genannt, aufgeschnitten. Diese funktioniert mit schwach seitenverzahnten, nicht aber mit Diamantzähnen bestückten «Sägeblättern». Die (über 100) Stahlblätter werden in einen Rahmen eingespannt, der trapezartig in der eigentlichen Maschinenkonstruktion aufgehängt wird. Über eine Pleuelstange, die mit einem grossen Antriebs-Schwungrad verbunden ist, wird der so aufgehängte Rahmen nun hin- und hergeschwungen. Er bewegt sich somit nicht waagrecht hin und her, sondern schwingt wie ein Pendel auf einer grossen Kreislinie. Bei jeder Schwingung schlagen die Stahlblätter am tiefsten Punkt der Amplitude auf das darunterliegende Gestein. Der Rahmen wird dabei über Schneckengewinde schrittweise nachgeführt. Die Schnittleistung wird aber nur erbracht, weil der Schnittprozess durch Abrasivzusätze – wie beispielsweise Stahlsand – unterstützt wird. Der Abrasivzusatz muss über einen Wasserkreislauf der Schnittzone zugeführt werden. Im Kreislaufgemisch befinden sich zusätzlich Gesteinsmehl und Kalk, welche das Rosten des Gesteins weit gehend hemmen (die Stahlblätter neigen wegen der Nässe zu rascher Bildung von Rost, der in die Poren des Gesteins eindringen kann). So können pro Block – je nach Anzahl Stahlblätter – über 100 Platten (in

Abbildung 9.2: Gattersäge (auf dem trapezförmig schwingenden Rahmen stehen zwei Personen; gut erkennbar ist die massive Konstruktion der Aufhängevorrichtung) (Solmar SA., Cantù, Italien).

Abbildung 9.3: grosse Halle mit mehreren Gattern (Minaco Ltd., Ga-Rankuwa, Südafrika).

Abbildung 9.4: Einspannen von Stahlblättern in den Rahmen. Die Stahlblätter wurden bereits für einen Schnittdurchgang verwendet, was an der Abnützung ersichtlich ist; nun werden die Stahlblätter umgekehrt eingespannt, um sie noch einmal verwenden zu können.

Abbildung 9.5: Schwingender Rahmen in Aktion: Erkennbar sind die parallel angeordneten Stahlblätter, die von oben laufend mit der Abrasivmixtur (Wasser, Kalk, Gesteinsmehl und Stahlsandabrasiv) benässt werden.

Abbildung 9.6: Sägepause: Die Unmassplatten des angesägten Blocks werden mit Keilen nachgesichert.

Abbildung 9.7: Zwei Blöcke sind in einem Schnittdurchgang zu Unmassplatten aufgetrennt worden Die Blöcke werden vor dem Gattern auf einem Gipsfundament nivelliert und fixiert.

Abbildung 9.8: Mehrblattkreissäge = Tagliablocchi (Andeer Granit Conrad AG, Andeer).

Dicken von meist zwischen 1 und 4 cm) auf einmal gewonnen werden, was sehr betriebsökonomisch ist.
Weichgesteine hingegen werden hauptsächlich mit der *Kreissäge* (Diamantkreissäge, auch *Tagliablocchi* genannt) geschnitten. Dabei handelt es sich um eine Säge mit hydraulischem Vortrieb, in welcher vertikal stehende und horizontal geführte Sägerundblätter mit Diamantzähnen die Schnittleistung erbringen. Man unterscheidet zwischen Maschinenkonstruktionen mit einem Sägeblatt oder solchen mit mehreren parallel angeordneten Blättern (Tagliablocchi).

Abbildung 9.9: Diamantkreissäge (Kreissägeblatt mit diamantbestückten Zähnen) (Pollini Figli fu Roberto SA, Riveo, Maggia-Tal).

Eine andere Maschinenkonstruktion zur Auftrennung von Weichgesteinen in Unmassplatten ist das Diamant-Horizontal-Gatter. Dieses ähnelt auf den ersten Blick einer Gattersäge – unterscheidet sich aber von dieser wesentlich. Es besitzt zwar – wie auch die Gattersäge – einen grossen Spannrahmen. In diesen werden nun diamantzahnbestückte Sägeblätter im Abstand der gewünschten Plattendicke eingespannt. Der Spannrahmen gleitet nun – im Gegensatz zum pendelschwingenden Rahmen bei der Gattersäge – auf Führungsschienen, die horizontal im Rahmengestell der Maschine ausgerichtet sind. Der Spannrahmen wird – wie bei der Gattersäge – über einen Pleuel, der mit einem Schwungrad verbunden ist, in Bewegung gebracht. Um die Blöcke nun aufzuschneiden, werden die Führungsschienen nach Massgabe des möglichen Schnitttempos über Schneckengewinde parallel abgesenkt. Als Alternative kann auch der Block durch paralleles Anheben der Blockauflagekonstruktion nachgeschoben werden.

Abbildung 9.10: Diamant-Horizontal-Gatter mit diamantbestückten Sägeblättern (Baustellengatter Moschee H. H. Sheikh Zayed Bin Sultan II, Abu Dhabi, UAE).

In jüngster Zeit sind neue Maschinen entwickelt worden, welche die Weichgesteine mit einem Diamantseil (siehe auch Abschnitt «Schlitzen» auf Seite 75) schneiden. Das Diamantseil wird dabei über eine Vielzahl von Umlaufrollen so geführt, dass dieses den Block an mehreren Stellen gleichzeitig parallel durchsägt. Es gibt aber noch keine Maschine, welche einen Block in einem Gang auf der ganzen Breite durchschneiden kann. Offenbar sind der Länge des Diamantseils technische Grenzen gesetzt. Der Vorgang muss deshalb mehrere Male wiederholt werden, bis der Block über seine gesamte Breite aufgeschnitten ist.
Welche der Methoden zum Aufschneiden der Blöcke in Unmassplatten auch immer angewendet wird, eine übermässig forcierte Schnittleistung kann die so genannte Schüsselung von Platten (=Krümmung wie bei einer Satellitenschüssel) zur Folge haben.

Abbildung 9.12: Ein Sandsteinblock wird mit einem Diamantseil zersägt (J. & A. Kuster AG, Bäch).

Abbildung 9.11: Teilaufschnitt eines Natursteinblocks mit 15 Parallelschnitten mittels Diamantseil (Prospektfoto).

Es gerät zunehmend in Mode, die Unmassplatten nach deren Rohherstellung zu rezinieren (Auftragen eines synthetischen Zweikomponentenharzes auf der Nutzfläche, der in einem zweiten Schritt in die Platte eingebrannt wird), um die Poren und Stiche (= feinste Schrumpfrisse im Naturstein, welche bei der Auskristallisation der Mineralien entstehen) des Gesteins zu verschliessen. Ausserdem erhalten die Platten so eine schönere Politur und verfügen bereits über eine dauerhafte Imprägnierung.

Abbildung 9.14: Rezina-Einbrennofen (die Unmassplatte wird auf einem Förderband hindurchgeführt).

Abbildung 9.13: Rezinierung.

Abbildung 9.15: **Links:** Lager mit Unmassplatten (Solmar SA, Cantù, Italien). **Mitte:** Verstauen von Unmassplatten auf Böcken (Bundles) in einen Überseecontainer. **Rechts:** Der Überseecontainer wird mit einem schweren Sattelschlepper – oft über lange Strecken – vom Landesinnern bis zum nächsten Verschiffungshafen transportiert (MAP SA, Felixandria, Brasilien).

9.2 OBERFLÄCHENBEARBEITUNG

In der Regel wird nun in einem **zweiten** Schritt eine der Oberflächen der Rohplatte so weiterbearbeitet, wie das Endprodukt aussehen soll. Für die verschiedenen Oberflächenbearbeitungen haben sich mit der Zeit zahlreiche Begriffe etabliert:

Tabelle 9.16: Auswahl von Oberflächen-Bearbeitungen von Naturstein

Naturgespalten		Natürliche Spaltung: Abbildung einer unbearbeiteten Oberfläch, Grössere Abweichungen sind möglich.
Diamantgesägt		Teilen der Steinplatte mit einem Fräsblatt, welches mit Diamanten bestückt ist.
Gattergesägt / abgesäuert		Zersägen von Gesteinsblöcken mit Stell-Lamellen, abrasiven Mitteln und Wasser, Absäuern der Gesteinsoberfläche.
Sandgestrahlt		Leichte Aufrauung der Gesteinsoberfläche mit Hochdruck und Quarz- oder Granatsand (optisch vergleichbar wie gattergesägt).
Gebürstet / anticato		Platte wird geflammt und mit Kunststoffbürste bearbeitet. Dadurch entsteht eine antik wirkende Oberflächenstruktur.
Geflammt		Durch die Einwirkung eines Kälte- und Wärmeschocks, z. B. mit einer Flamme, wird eine naturnahe Oberfläche erzeugt.

Aufrauung der Gesteinsoberfläche von Hand oder durch maschinelle Bearbeitung.	 **Gestockt**
Reglierung der Ansichtsfläche.	 **Bossiert**
Mit dem Flächeisen nachgeebnete Gesteinsfläche.	 **Geflächt**
Durch mechanische Einwirkung erzeugte Rillen-Abbildung (Rillenstruktur) bei Weichgesteinen.	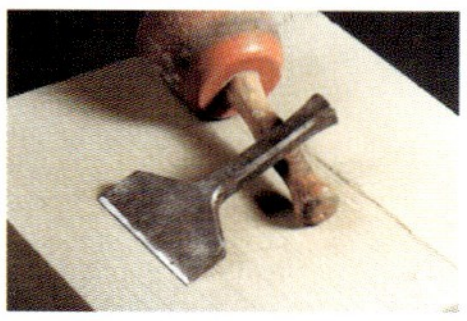 **Scharriert**
Naturgespaltete Oberflächen werden nachgerichtet.	 **Gerichtet**
Oberfläche mit Spitzhauen bearbeitet, d.h. nachgerichtet.	 **Gespitzt**
Handbearbeitete Sichtkanten.	 **Handbekantet (Randschlag)**
Mechanische Oberflächenbearbeitung (Schleifstein), Erzeugung glatter Oberfläche (matte Erscheinung).	 **Geschliffen**
Feinste Oberflächenbearbeitung (Oberfläche spiegelnd).	 **Poliert**

Abbildung 9.17: Flammen von Fassadenplatten (Überlängen) (Stone Africa Ltd., Nigel, Südafrika).

Abbildung 9.18: manuelles Stocken von basaltischen Bindersteinen (Akiuco Ltd., Nha Trang, Vietnam).

Abbildungen 9.19: manuelles Spalten von Tessiner Gneis.

Abbildung 9.20: Mit modernen Wandarm-Polier- oder -Bohrmaschinen können kleinere Polierflächen oder Lochbohrungen vorgenommen werden (Hofmeister & Kuster AG, Winterthur).

Abbildung 9.21: Eine gattergesägte Unmassplatte wird in die Polierstrasse eingeführt (Solmar SA, Cantù, Italien).

Abbildung 9.22: Vollautomatische Polierstrasse (Solmar SA, Cantù, Italien).

9.3 HERSTELLUNG VON FERTIGFABRIKATEN

In einem **dritten** Schritt wird die Rohplatte mit einer Brückensäge oder mit kleinen Kreissägen zum gewünschten Fertigfabrikat verarbeitet (Bodenplatten, Küchenabdeckungen, Treppenstufen, Fassadenplatten usw.).

Abbildung 9.23: vollautomatische Verarbeitungsstrasse zur Herstellung von Bodenplatten (Pollini Figli fu Roberto SA, Riveo, Maggia-Tal).

Abbildung 9.24: Mit dieser modernen, elektronisch steuerbaren Brückensäge mit zwei senkrecht zueinander stehenden Diamantsägeblättern (eines für den Tiefenschnitt, eines für die Ablängung) werden Unmassplatten in die gewünschten Plattengrössen zersägt (Mideco Ltd., Hanoi, Viet-Nam).

Ein **vierter** und letzter Schritt ist allenfalls bei Spezialstücken notwendig, wo noch Sichtkanten, Rundungen und Löcher ausgearbeitet werden müssen, wofür entweder Spezialmaschinen mit computergestützten Bearbeitungsprogrammen oder Handwerkzeuge verwendet werden.

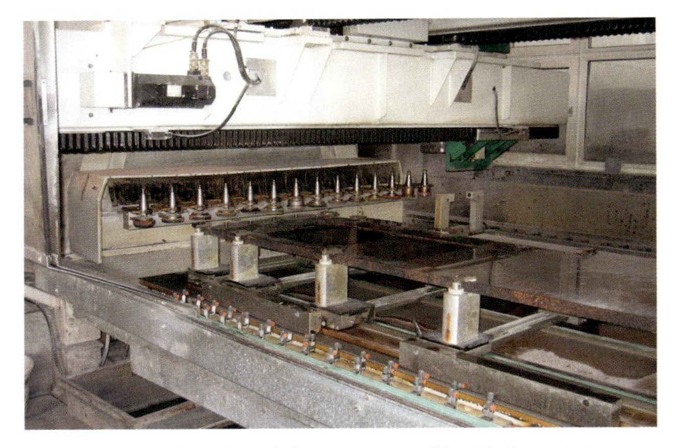

Abbildung 9.25: CNC-Verarbeitungsautomat (das Werkzeugfutter (grün) sucht gemäss elektronischer Programmierung das geeignete Werkzeug, z.B. zur Fräsung einer Abtropffläche, aus) (Alfred Lutzi Natursteinwerk, Avers).

Abbildung 9.27: Vollautomatischer Kantenautomat (kalibrieren, fräsen und polieren von Sichtflächen sowie fräsen und polieren von Sichtkanten) (Alfred Lutzi Natursteinwerk, Avers).

Abbildung 9.28: Kalibrierautomat (mehrere nacheinander angeordnete Diamantfräsköpfe kalibrieren die auf einem Förderband nachgeschobenen Natursteinplatten rückseitig auf die gewünschte Plattenstärke) (Prospektfoto).

Abbildung 9.26: Ausschnitte (insbesondere runde) werden heute von modernen, elektronisch programmierbaren Wasserstrahlschneidmaschinen (Waterjet-Technologie: Aus einer Düse austretender Wasserstrahl mit 4'000 bar Wasserdruck und einem Abrasivzusatz wie Granatsand) gefertigt (Emilio Stecher AG, Root).

Abbildung 9.29: Spezialkonstruktion zur fliessbandmässigen seitlichen Lochung von Naturstein-Fassadenplatten (Andeer Granit Conrad AG, Andeer).

Abbildung 9.30: Dachziegel erhalten eine Doppellochung zur Fixierung der Platten auf der Dachkonstruktion (MAP SA, Felixandria, Brasilien).

9.4 VERSETZEN VON NATURSTEIN

Das Versetzen von Naturstein-Fertigprodukten am Bau (Fassadenelementen, Bodenplatten, Treppen, Schwimmbadauskleidungen, Küchenarbeitsflächen, Wandverkleidungen bei Weg- und Strassenbau, Gartenbau, Mauerbau, Renovationsarbeiten an historischen Bauwerken usw.) erfordert hohe fachliche Qualifikation in Materialtechnik und Bauphysik sowie langjährige Erfahrung im Beruf.
An dieser Stelle wird auf die einschlägige Fachliteratur sowie auf den Technischen Ordner «Bauen mit Naturstein» und das Produkthandbuch «Natursteine im Aussenbau» des Naturstein-Verbands Schweiz NVS hingewiesen.

Abbildung 9.31: Kunstvolles Versetzen von Pflastersteinen in einem Sandbett (Aus- und Weiterbildungszentrum des Verbands Schweizerischer Pflästerermeister VSP im Steinbruchareal der Guber AG, Alpnach).

Foto: F. Aufhauser, Wien

Abbildung 9.32: Versetzen von Marmorplatten mit Fixankern an einer Fassade (Kirche Leopold II, Wien, Österreich).

Zusammengefasst charakterisieren folgende Arbeitsschritte die Herstellung von Natursteinprodukten:

- Gewinnung von möglichst quaderförmigen und grossen Blöcken im Steinbruch (Sprengen oder Schlitzverfahren)
- Auftrennung in Rohplatten in den benötigten Dicken (Telaio, Diamant-Horizontal-Gatter, Diamantkreissäge oder Tagliablocchi)
- Veredelung der Fläche wie Schleifen, Polieren, Flammen
- Zuschneiden in die gewünschten Endmasse
- Anbringen zusätzlicher Bearbeitungen: Sichtkanten, Löcher, Rundungen usw.
- Versetzen des Endprodukts am Bau

Tabelle 8.1 (Seite 72) zeigt ein detailliertes Verarbeitungsschema.

Abbildung 9.33: Für dieses vor 1'800 Jahren aus verschiedenen Marmorwerkstücken erbaute Grosstheater standen noch keine modernen Verarbeitungsmaschinen zur Verfügung: Werkstück für Werkstück wurde meisterhaft und präzis von Hand gefertigt und versetzt (Römisches Theater, Sabratha, Libyen).

9.5 NATURSTEIN – BAUSTEIN VON BLEIBENDEM WERT

Ein Rückblick in vergangene Jahrhunderte zeigt, dass Naturstein stets ein Bauwerkstoff von zentraler Bedeutung war – und nach wie vor ist: Kalke wurden für die ägyptischen Pyramiden aufeinander getürmt, Marmore zierten römische Paläste und Bäder, Schiefer wurden als Dachziegel, Pflastersteine als Strassenbelag und Mauersteine für den Brückenbau verwendet. Bis heute konnte der Naturstein von der Baustelle nicht verdrängt werden: Natursteinfassaden verleihen architektonisch anspruchsvollen Wolkenkratzern eine besondere Note, Stadtplätze werden mit Natursteinplatten gestaltet, Nutzeinrichtungen wie Küchenarbeitsflächen, Bodenbeläge oder Treppenanlagen in Wohn- und Geschäftshäusern werden in Naturstein gefertigt.
Dieser Rohstoff wurde früher vorwiegend in Steinbrüchen gewonnen, die sich in der näheren Umgebung der Bauplätze befanden. So gehörte es zur Pflicht der mittelalterlichen Stadtgründer, nicht nur nach strategisch-geografisch geeigneten Standorten für den Bau einer neuen Stadt Ausschau zu halten, sondern auch noch zu prüfen, ob ein geeigneter Baurohstoff in vernünftiger Distanz vorhanden war. Heute wird Naturstein – mit sinkenden Transportkosten – mehrheitlich von den entlegensten Orten unseres Globus auf die Baustelle gebracht!
Zur Umsetzung ihrer Gestaltungsideen können Architekten und Designer heute auf eine in Farbe, Struktur und Oberflächenbearbeitung nahezu unerschöpfliche Auswahl an Natursteinen zurückgreifen.

Doch nicht nur die Schönheit und Vielfalt fasziniert Liebhaber von Natursteinen. Eine zentrale Eigenschaft dieses Baustoffes ist – wie erwähnt – seine Langlebigkeit. Natursteine sind sprichwörtlich von bleibendem Wert! Moderne Verarbeitungsmethoden haben aber auch dazu geführt, dass man Natursteine heute am Bau vielfältig einsetzen kann.

Abbildung 9.34: Beispiel moderner Natursteinbauten: Natursteinverkleidung (Maggia-Gneis und Cristallina-Marmor) an der Kirche San Giovanni Battista von Mario Botta, Mogno (TI).

Abbildung 9.35: Beispiel moderner Natursteinbauten: Natursteinfassade (Andeer-Gneis) am neuen DEZA-Gebäude in Bern.

Abbildung 9.36: Kalksteinquader für den Bau der Cheops-Pyramide und der Sphinx (Giseh, Ägypten).

Abbildung 9.37: Reich verzierte Marmortreppen und Terrassen in der Verbotenen Stadt in Beijing (China).

Foto: Eckardt Natursteine AG, Volketswil

Abbildung 9.38: Bodenplatten innen

Abbildung 9.39: Cheminee

Abbildung 9.41: Fassade

Abbildung 9.40: Dekorboden

Abbildung 9.42: Gabbionen

Abbildung 9.43: Säulenhalle

Abbildung 9.44: Gehweg

Abbildung 9.45: Küchenarbeitsfläche

Abbildung 9.46: Dusche

Abbildung 9.47: Gartenbrunnen

Abbildung 9.48: Waschtisch

Abbildung 9.49: Dachterrasse

Abbildung 9.50: Wandverkleidung

Abbildung 9.51: Aussentreppe

Abbildung 9.52: Schwimmbad

Abbildung 9.53: Schieferdach

Abbildung 9.54: Natursteinmauer

Abbildung 9.55: Innentreppe

Foto: Pro Naturstein

Abbildung 9.56: Piazza

10 Schweizer Natursteine

10.1 ALLGEMEINES

In der Schweiz werden jährlich etwa 600'000 Tonnen Naturstein abgebaut (entspricht etwa 100 Blöcken zu je 15 Tonnen täglich). Gegenüber den jährlich rund 30 Millionen Tonnen gewonnenen Kiesen und Sanden ist dies ein eher bescheidenes Volumen. Allerdings sind bei der Gewinnung sowie Verarbeitung von Natursteinen sehr viel mehr Personen beschäftigt als etwa in der Lockergesteinsindustrie.

Gelegentliche Verwirrung schafft die Namengebung (Handelsnamen) bei Natursteinen. Tradition ist, ein Gestein immer nach seiner Herkunft zu bezeichnen, was in der Schweiz vielfach eingehalten wird. Gerade in letzter Zeit tauchen jedoch vermehrt Fantasienamen auf wie etwa «Alpensilber», «Dorato Argentato» oder «Dream White», die sich weder lokalisieren lassen noch Auskunft über die eigentliche Gesteinsart geben. Auch die Gesteinsart wird gelegentlich nicht korrekt genannt: So sind unsere *«Tessinergranite»*, die *«Bündnerquarzite»* und auch der *«Soglioquarzit»* natürlich Gneise (erkennbar an der Bänderung).

10.2 NATURSTEINE DER SCHWEIZ

Jura
Die meist recht harten, oft etwas spröden Kalksteine des Juragebirges waren über viele Jahrhunderte gesuchte Bausteine, die in vielen lokalen Brüchen gewonnen und bis weit ins Mittelland verwendet wurden, da sie den Molassesandstein an Dauerhaftigkeit übertreffen.

Mittelland (Molasse)
Das bevölkerungsreiche Mittelland brauchte schon früh riesige Mengen Bausteine. Es sind dies vorwiegend Sandsteine, auch heute noch sehr gesuchte Natursteine. Den meisten Gesteinen der Molasse ist allerdings eigen, dass sie als ehemalige Lockergesteine durch Kalk zementiert wurden. Dieser Kalk ist säurelöslich, was zu einem (relativ raschen) Zerfall durch Wassereinwirkung (mit Kohlensäure oder Schwefeldioxyd) führen kann (Seite 21). Nur einige wenige Sandsteine sind mit quarzitischem Bindemittel zementiert, womit diese eine hervorragende Verwitterungsresistenz aufweisen.

Alpen
Die schweizerischen Alpen mit ihrer Vielfalt an geologischen Einheiten bieten uns eine riesige Palette verschiedenster Gesteine an. Gemessen daran ist die Zahl der heute noch abgebauten Gesteine recht bescheiden, nicht zuletzt auch wegen der relativ schlechten Zugänglichkeit der Steinbrüche. Weitere Anforderungen stellen die hohen Personalkosten, strenge Umweltauflagen und die alpine Tektonik, die viele Gesteine bis in den Kleinbereich beanspruchte und kaum brauchbar macht. Bruchzonen und Klüfte beeinträchtigen oft die Gewinnung von Blöcken, insbesondere bei Kalken. Dennoch verfügen einige Regionen in den Alpen über typische Naturgesteine (Tabelle 10.2).

Abbildung 10.1: Abbau von Naturstein im Onsernone-Tal (Edgardo Pollini & Figlio SA, Vergeletto, Onsernonetal).

Tabelle 10.2: Zusammenstellung der wichtigsten Gesteine der Schweiz

Laufener Kalkstein
Petrografische Bezeichnung: Kalk
Weichgestein
Region Laufen (Jura)

Liesberger Kalkstein
Petrografische Bezeichnung: Kalk
Weichgestein
Region Laufen (Jura)

Solothurner Kalkstein («Marmor»)
Petrografische Bezeichnung: Kalk
Weichgestein
Lommiswil (Jura)

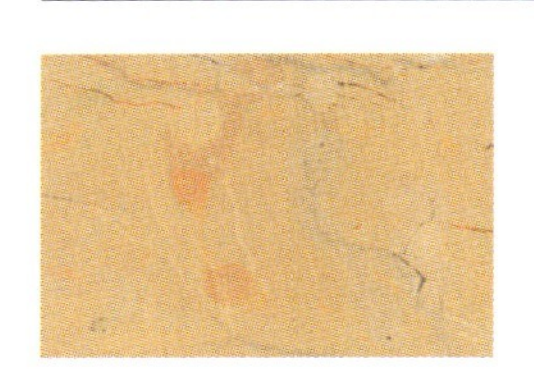

Roc de Cernia
Petrografische Bezeichnung: Kalk
Weichgestein
Neuenburg (Jura)

Marmor von Arzo («Macchiavecchia»)
Petrografische Bezeichnung: Kalk
Weichgestein
Arzo (Alpen)

St. Margrether Sandstein
Petrografische Bezeichnung: Sandstein
Weichgestein
Region Rorschach (Mittelland/Molasse)

Rorschacher Sandstein
Petrografische Bezeichnung: Sandstein
Weichgestein
Region Rorschach (Mittelland/Molasse)

Bollinger Sandstein
Petrografische Bezeichnung: Sandstein
Weichgestein
Region Bollingen (Mittelland/Molasse)

Berner Sandstein
(gelbe Varietät, danebst auch blaue Varietät)
Petrografische Bezeichnung: Sandstein
Weichgestein
Region Bern (Mittelland/Molasse)

Rooterberger Sandstein
Petrografische Bezeichnung: Sandstein
Weichgestein
Root (Mittelland/Molasse)

Buchberger Sandstein
Petrografische Bezeichnung: Sandstein
Weichgestein
Nuolen (Mittelland/Molasse)

Guntliweider Sandstein
Petrografische Bezeichnung: Sandstein
Weichgestein
Nuolen (Mittelland/Molasse)

Teufener Sandstein
Petrografische Bezeichnung: Sandstein
Weichgestein
Teufen (Mittelland/Molasse)

Schilfsandstein
Petrografische Bezeichnung: Sandstein
Weichgestein
Oberhofen (Jura)

Poschiavo-Serpentin
Petrografische Bezeichnung: Serpentin
Weichgestein
Poschiavo (Alpen)

Hospentaler Serpentin
Petrografische Bezeichnung: Serpentin
Weichgestein
Hospental (Alpen)

Cristallina-Marmor
Petrografische Bezeichnung: Marmor
Weichgestein
Cristallina (Alpen)

Urner Granit
Petrografische Bezeichnung: Granit
Hartgestein
Gurtnellen (Alpen)

Soglio-Quarzit
Petrografische Bezeichnung: Gneis
Hartgestein
Soglio (Alpen)

Legiuna
Petrografische Bezeichnung: Gneis
Hartgestein
Malvaglia/Bleniotal (Alpen)

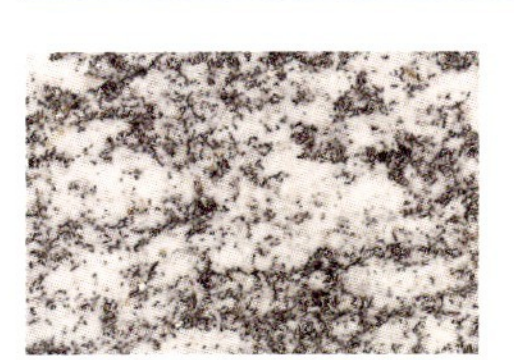

Cresciano
Petrografische Bezeichnung: Gneis
Hartgestein
Cresciano (Alpen)

Iragna
Petrografische Bezeichnung: Gneis
Hartgestein
Region Iragna (Alpen)

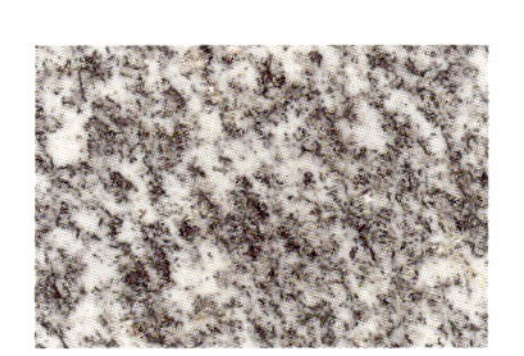

Lodrino
Petrografische Bezeichnung: Gneis
Hartgestein
Region Lodrino (Alpen)

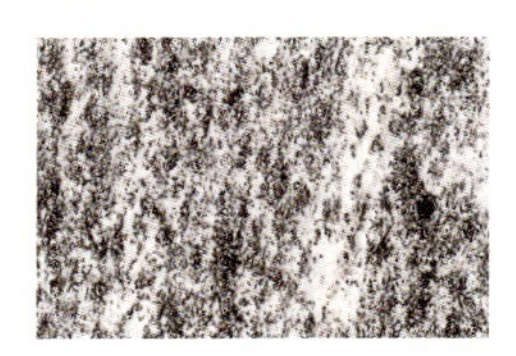

Calanca
Petrografische Bezeichnung: Gneis
Hartgestein
Arvigo (Alpen)

Maggia
Petrografische Bezeichnung: Gneis
Hartgestein
Region Riveo (Alpen)

Onsernone
Petrografische Bezeichnung: Gneis
Hartgestein
Onsernonetal/Vergeletto (Alpen)

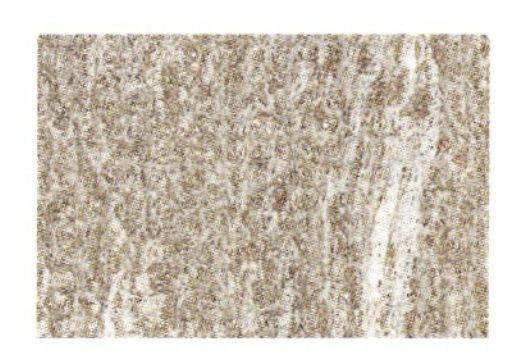

Valser Quarzit
Petrografische Bezeichnung: Gneis
Hartgestein
Vals (Alpen)

Zalende nuvolato verde
Petrografische Bezeichnung: Amphibolit/Metabasit
Hartgestein
Zalende (Alpen)

Andeer
Petrografische Bezeichnung: Gneis
Hartgestein
Andeer (Alpen)

Quarzit von Kalpetran
Petrografische Bezeichnung: Quarzit
Hartgestein
Kalpetran (Alpen)

Vert des Glaciers
Petrografische Bezeichnung: Konglomerat
Hartgestein
Salvan (Alpen)

Mitholzer Kieselkalk (grüne Varietät)
Petrografische Bezeichnung: Kieselkalk
Hartgestein
Mitholz (Alpen)

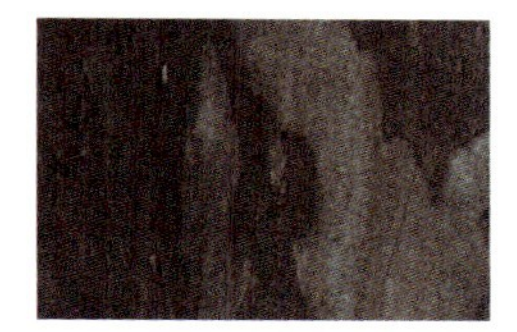

Ringgenberger Kieselkalk
Petrografische Bezeichnung: Kieselkalk
Hartgestein
Ringgenberg (Alpen)

Goldswiler Kieselkalk
Petrografische Bezeichnung: Kieselkalk
Hartgestein
Goldswil (Alpen)

Guber-Quarzsandstein
Petrografische Bezeichnung: Kalksandstein
Hartgestein
Alpnach (Alpen)

11 Natursteinberufe

Jahrhundertealte Bauwerke aus Naturstein vermitteln uns Gefühle, Gedanken und Kultur ihrer Entstehungszeit. Die natürliche Verwitterung und die zunehmende Umweltverschmutzung gefährden die Erhaltung dieser Bauten.

Das Renovieren und Sanieren solcher Bauten gehört zu den Aufgaben der **Steinhauer** und **Steinhauerinnen**. Das Tätigkeitsfeld beinhaltet aber auch das Erstellen neuer Werkstücke wie Brunnen, Treppen, Bodenbeläge, Rand- und Stellsteine, Pflastersteine und vieles mehr.

Steinmetze sind die klassischen Handwerker in der natursteinverarbeitenden Branche. Ihre Tätigkeit umfasst das Renovieren alter Bauten bis zum Anlegen von Ornamenten sowie das Gravieren und Bemalen von Schriften.

Die **Steinbildhauer** und **Steinbildhauerinnen** sind die Künstler unter den Handwerkern der natursteinverarbeitenden Branche. Entsprechend steht das künstlerische Gestalten (z.B. Grabsteine) im Vordergrund ihres Schaffens.

Steinwerkern und **Steinwerkerinnen** eröffnet sich ein neueres Berufsfeld, entstanden aus den Tätigkeiten der Steinschleifer und Steinrichter. Die industriell-gewerbliche Natursteinverarbeitung ist heute von Maschinen geprägt. Mit Säge-, Fräs-, Schleif- und anderen modernen Maschinen bearbeiten Steinwerker und Steinwerkerinnen den Naturstein und stellen Produkte u. a. wie Küchenarbeitsflächen, Boden-, Wand- oder Fassadenplatten, Treppenstufen oder Cheminéeverkleidungen her.

Abbildung 11.1: Steinwerker-Lehrling (Übung: Kantenschleifen) im Aus- und Weiterbildungszentrum Dagmersellen des Naturstein-Verbands Schweiz.

Die Firmenstruktur natursteinverarbeitender Werke hat indessen zunehmend zur Folge, dass eine Abgrenzung auszuführender Arbeiten auf die genannten Berufsbilder immer schwieriger wird. Heute sind Multitalente gefragt, welche «Alleskönner» sind!

12 Glossar

Alter, absolutes: Geologisches Alter in Jahren (bzw. Mio. Jahren) ausgedrückt. Meistens mittels → radiometrischer Altersbestimmung ermittelt.

Alter, relatives: Geologisches Alter, ausgedrückt in den Begriffen der geologischen Zeitskala (→ Tafel 6.1).

Asthenosphäre: Gesteinsschicht der Erde unter der → Lithosphäre unterhalb 100–150 km Tiefe, die sich infolge des hohen Drucks und der hohen Temperatur plastisch verhält.

Aufschluss: Stelle der Erdoberfläche, an der das Gestein ohne Pflanzendecke unverhüllt zu Tage tritt.

Brekzie: Klastisches Sediment, überwiegend aus wenig verfrachteten und daher ungerundeten Gesteinsbruchstücken (→ Konglomerat, Nagelfluh).

Bruch: Trennfläche im Festgestein, an der sich zwei Gesteinsblöcke gegeneinander verschoben haben (→ Kluft).

Diagenese: Prozess der Verfestigung von Sedimenten (Entwässerung, Kompaktion, Verkittung) (→ Lithifikation).

Differenziation: Prozess, bei welchem sich im erkaltenden → Magma neu auskristallisierende → Kristalle in bestimmten Stockwerken des → Plutons ansammeln. Zunächst entstehen Kristalle, die reich an schwereren und dichteren Elementen (Eisen, Nickel, Aluminium, Magnesium usw.) sind. Wegen der Gravitationskraft sinken diese im Pluton ab; es entstehen die dunklen, spezifisch schwereren Gesteine. Aus den leichteren Elementen entstehen danach Mineralien, die vorwiegend quarzhaltig sind. Diese steigen im Pluton auf, wo sie zu hellen, spezifisch leichteren Gesteinen erstarren.

Divergierende Plattengrenzen: Orte, an welchen sich Platten auseinander bewegen und neues Lithosphärenmaterial im entstandenen «Hohlraum» nachfliesst (Bildung neuer Gesteine). Diese Grenzen sind gebunden an → mittelozeanische Rücken. Sie lösen Erdbeben und Vulkanismus (z.B. Island) aus (→ konvergierende Plattengrenzen).

Erdbeben: Heftige Erschütterungen des Untergrundes, in der Regel in Tiefen bis zu 60 km. Ursachen dafür sind plötzliche, schnelle Bewegungen von Gesteinspaketen an aktiven Bruchflächen oder Stösse anlässlich junger vulkanischer Tätigkeit.

Erdkern: Innerster Teilbereich der Erde in einer Tiefe von mehr als 2'900 km und bis ins Zentrum reichend, bestehend aus Materie der Dichte 8–10 t/m^3. Es ist dies vermutlich eine Eisen-Nickel-Legierung (Vergleich: Granit hat die Dichte 2,6 t/m^3).

Erdkruste: Oberste, 10–40 km mächtige, erstarrte Gesteinsschicht der Erde. Die kontinentale Kruste besteht überwiegend aus spezifisch leichteren Graniten, die ozeanische Kruste aus den spezifisch schwereren Basalten.

Erdmantel: Mächtige, fast 3'000 km dicke Schale der Erde zwischen der → Erdkruste und dem → Erdkern.

Erosion: Begriff für sämtliche Vorgänge, durch die Bodenmaterial und aufgelockertes Gestein durch Flüsse, Gletscher oder Wind abtransportiert werden.

Erz: Gesteine, aus denen sich eisenhaltige Metalle gewinnen lassen.

Falten: Werden Gesteinspakete in grösserem Verbund anlässlich von Gebirgsbildungsprozessen unter Druckeinwirkung verformt, können ausgeprägte Falten entstehen. Besonders eindrücklich sind Falten in Sedimenten (→ Tektonik).

Flysch: Zyklische Abfolge von Sand-Ton-Schichten mit einer Gradierung der Sedimentkörner (jede Flyschbank ist unten grobkörnig und oben feinkörnig). Flyschbänke entstehen als Neuablagerung abgerutschter Sedimentschlämme des Schelfabhangs in die Tiefsee. Das Abrutschen erfolgt aufgrund von Hebungen im Meeresboden, die im Zusammenhang mit beginnenden Gebirgsbildungen stehen.

Fossilien: Gänzlich erhaltene oder zu Bruchstücken zertrümmerte Reste von Lebewesen der Vergangenheit, welche in Form von Versteinerungen erhalten geblieben sind (→ Leitfossil).

Gondwana-Land: → Pangäa.

Grundgebirge: Magmatische und metamorphe Gesteine, die in Kontinenten die Unterlage jüngerer Sedimente – das sogenannte Deckengebirge – bilden (→ Massiv).

Hartgesteine: Sammelbezeichnung der Natursteinindustrie für alle magmatischen und die meisten metamorphen Gesteine (mit Ausnahme von Marmor, Serpentinit, Phyllite und einigen Schiefern). Sedimentgesteine gehören nur in Ausnahmefällen zu den Hartgesteinen (→ Weichgesteine).

Himalaja: Gebirgskette in Zentralasien: Es handelt sich um die jüngste und höchste Gebirgskette der Erde, entstanden durch Kollision der Indisch-Australischen mit der Eurasischen Platte vor etwa 50 Mio. Jahren. Der Himalaja enthält sämtliche 14 bekannten Gipfel über 8'000 m Höhe, darunter auch den am schnellsten wachsenden Berg der Welt (der Nanga Parbat in Pakistan, 8'126 m, wächst mit rund 1 cm pro Jahr in die Höhe und dürfte den Mount Everest bei anhaltendem Wachstum in etwa 100'000 Jahren überragen).

Hornstein: Knollige Quarzausscheidung (meistens chemische Ausfällung, seltener biogen oder vulkanogen entstanden) von grauer bis gelber, trüber Farbe.

Kluft: Trennfläche im Festgestein, an der – im Gegensatz zu einem → Bruch – keine Relativbewegung der beiden angrenzenden Blöcke stattgefunden hat (eher eine grosse Spalte). Klüfte entstehen vorzugsweise bei tektonischer Beanspruchung (→ Tektonik), bei Druckentlastung in Gesteinskörpern sowie beim Abkühlen magmatischer Körper.

Kollision: Aufeinandertreffen und Verkeilung zweier kontinentaler Lithosphärenplatten. Im Gegensatz zur → Subduktion ist eine starke Verdickung der Kruste die Folge, da keine der beiden Platten unter die andere abtaucht (typische Beispiele sind die Bildung der Alpen und des Himalajas).

Konglomerat: → Nagelfluh.

Kontinentale Kruste: Im Gegensatz zur → ozeanischen Kruste besteht die kontinentale Kruste aus quarzreichen, spezifisch leichteren Gesteinen. An die kontinentale Kruste werden durch Gebirgsbildungsprozesse immer wieder neue Bereiche angelagert, insbesondere durch Intrusion von → Plutonen. Da die kontinentale Kruste kaum recycliert (nicht → subduziert und neu aufgeschmolzen) wird, finden sich auf der kontinentalen Kruste auch die ältesten Gesteine (bis zu vier Milliarden Jahre alt).

Konvektion: Thermisch bedingte Strömungen in fliessendem Material, in dem heisses Material wegen seiner geringeren Dichte von unten nach oben steigt, während kühleres Material (spezifisch schwerer) von oben nach unten sinkt.

Konvergierende Plattengrenzen: Orte, an welchen Platten miteinander kollidieren und an denen entweder die Kruste verkürzt und verdickt wird (Bildung z.B. der Alpen oder des Himalajas) oder durch → Subduktion eine Platte unter die andere abtaucht. Verbunden damit sind Erdbeben, Vulkanismus und Gesteinsaufschmelzung (→ divergierende Plattengrenzen).

Kristalle: Festkörper, in denen sich die Bausteine (Atome, Ionen, Moleküle) geometrisch regelmässig in allen Richtungen des Raumes anordnen und so eine periodisch sich wiederholende Gitterstruktur bilden.

Lava: → Magma, das bei Vulkaneruptionen an die Erdoberfläche ausfliesst.

Leitfossil: Tierische oder pflanzliche Versteinerung, die kurzlebigen Arten angehört und überregional verbreitet ist. Damit sind solche → Fossilien für einen bestimmten Zeitabschnitt «leitend».

Lithifikation: → Zementation.

Lithosphäre: Die äussere starre Schale der Erde. Sie liegt über der Asthenosphäre und umfasst den obersten, elastischen Teil des Mantels sowie die starre Kruste. Sie zerfällt in einzelne Lithosphärenplatten (Kontinente), welche die Erde mosaikartig überziehen.

Magma: Geschmolzenes Gesteinsmaterial, aus dem durch Abkühlung → magmatische Gesteine entstehen (→ Lava).

Magmatische Gesteine (Magmatite): Gesteine, die durch Erstarrung schmelzflüssiger Massen entstanden sind (→ Magma, → Lava).

Massiv: Gebirgseinheit mit bestimmten Gesteinen in einer räumlich definierbaren Grösse. Ein Grundgebirgsmassiv ist ein durch Hebung und Abtragung freigelegter Komplex gefalteter und metamorphisierter Gesteine (→ Grundgebirge).

Meeresmolasse: → Molasse.

Metamorphe Gesteine (Metamorphite): Umwandlungsgesteine, die durch Einwirkung von Druck und/oder Temperatur auf Sedimente, Magmatite und Metamorphite aus diesen entstanden sind (→ Metamorphose).

Metamorphose: Die Gesteinsmetamorphose ist die Umwandlung der mineralogischen Zusammensetzung eines Gesteins durch geänderte Temperatur- und/oder Druckbedingungen. Dabei entsteht ein metamorphes Gestein (Metamorphit).

Mineral: Natürliche, anorganische Bestandteile der Erdkruste. Mineralien setzen sich zusammen aus einer Kombination von verschiedenen chemischen Elementen.

Mikrit: → Zementation.

Mittelozeanischer Rücken: Grossräumige, lang gestreckte Gebirgs- und Grabenstrukturen am Meeresboden mit einer Gesamtlänge von 200 bis zu 20'000 km. Ein Mittelozeanischer Rücken tritt an divergierenden (auseinander driftenden) Plattengrenzen auf, wo gleichzeitig neue Gesteine durch Abkühlung von aufsteigendem Magma entstehen. Im Atlantik bildet der mittelozeanische Rücken die längste zusammenhängende Gebirgskette der Erde.

Moho: Grenzfläche, benannt nach ihrem kroatischen Entdecker, A. Mohorovičić, in einer Tiefe von 5 km (ozeanische Kruste) bis maximal 40 km (Wurzel des Himalajas), welche die Erdkruste vom Erdmantel trennt. Die Moho ist also eine Materialgrenze.

Molasse: In der Schweiz seit dem 14. Jh. verwendeter Begriff für Mahlstein oder weichen Sandstein. Heute verwendet für Sedimente, die im Vorland eines werdenden Gebirges aus seinem Abtragungsschutt abgelagert werden. Es handelt sich überwiegend um Konglomerate, Sandsteine und Tone. Ist das Ablagerungsmilieu der Sedimente von Flüssen und Seen geprägt, spricht man von Süsswassermolasse. Bei marinen Episoden (Meeresvorstoss bis ins Vorland des Gebirges) entstand die Meeresmolasse.

Moräne: Sammelbezeichnung für den von Gletschern mitgeführten Gesteinsschutt. Oberflächenmoränen führen eckiges Gesteinsmaterial sehr unterschiedlicher Grösse mit zum Teil riesigen Blöcken. Grundmoränen enthalten nebst gerundeten und gekritzten Geröllen feinstvermahlenes Material.

Nagelfluh: Ursprünglich Ostschweizer Volksausdruck, heute generell Deutschschweizer Dialektausdruck für Molasse-Konglomerate (Gestein mit runden Gesteinskomponenten).

Naturstein: Natürlich auftretendes Gestein, das in der natursteinverarbeitenden Branche für Bauzwecke oder für die Grabmalkunst verwendet wird.

Ozeanische Kruste: Im Gegensatz zur → kontinentalen Kruste wird die ozeanische Kruste überwiegend aus basaltischem Material aufgebaut. Sie entsteht im Bereich der → mittelozeanischen Rücken, wo infolge der → Konvektion ständig neues Magma an die Erdoberfläche dringt. Die Dicke der ozeanischen Kruste ist mit 5–10 km deutlich geringer als die kontinentale Kruste. Aufgrund der → Subduktion wird die ozeanische Kruste laufend recycliert. Die ältesten Gesteine der ozeanischen Kruste sind deshalb bloss 160–190 Mio. Jahre alt.

Pangäa: Ur-Grosskontinent (auch Gondwana-Land genannt), der im späten Paläozoikum durch Zusammenschluss aller damaligen Kontinente entstand. Im Mesozoikum, vor etwa 200 Mio. Jahren, begann der Zerfall der Pangäa. Dabei trennten und verschoben sich die Einzelteile schrittweise zu den heute bekannten Kontinenten. Als Ursache der Kontinentalverschiebung sind plattentektonische Prozesse (→ Plattentektonik) verantwortlich.

Platte: Segment der → Lithosphäre.

Plattentektonik: Die Plattentektonik beschreibt die Bewegungen der Lithosphärenplatten (die so genannte Kontinentalverschiebung) und die damit verbundenen Folgen: Entstehung von Gebirgen, Tiefseegräben, Erdbeben und Vulkanismus. Plattentektonische Verschiebungen entstehen aufgrund der → Konvektion von Magma im oberen Erdmantel.

Pluton: Bezeichnung für unterirdische Tiefengesteinskörper von erheblicher Grösse (bis zu mehreren hundert Kilometern Durchmesser).

Radiometrische Altersbestimmung: Bestimmung des Alters eines Gesteins, eines Minerals oder eines Ereignisses mit Hilfe der Untersuchung des Zerfallszustandes radioaktiver Elemente (→ Alter, absolutes).

Rifting-Zonen: Zentralgraben, entstanden durch Absenkung an mehr oder weniger parallelen tektonischen Brüchen. In den allermeisten Fällen sind diese Zonen mit vulkanischer Aktivität und Erdbeben verbunden.

Schichtung: Auffällige Grenzflächen in Sedimentgesteinen, die Schichten unterschiedlicher → Sedimente voneinander trennen.

Schotter: Anhäufung unverfestigter, grobkörniger, mehr oder weniger gerundeter Geröllablagerungen aus Bächen und Flüssen. In der Schweiz entstanden vor allem während der Eiszeiten umfangreiche Schotterablagerungen. Heute dienen die Schotter vor allem als Grundwasserspeicher sowie – sofern abgebaut – als Rohstoff für die Zementindustrie und für den Strassenbau.

Sedimentgesteine (Sedimente): Gesteine, die entweder aus älteren Gesteinen durch Abtragung, Transport und Ablagerung neu entstanden (klastische Sedimente) oder durch Ausfällung (chemische Sedimente) bzw. Umlagerung von organischem Material (biogene Sedimente) gebildet wurden.

Sparit: → Zementation.

Subduktion: Aufeinandertreffen von je einer kontinentalen sowie einer ozeanischen Lithosphärenplatte, wobei die ozeanische Platte aufgrund ihrer höheren Dichte unter die kontinentale Platte abtaucht (so genannte Verschluckung). Charakteristisch für die Subduktion ist neben häufigen → Erdbeben auch die verbreitete magmatische Aktivität infolge des Aufschmelzens der ozeanischen Kruste in der Tiefe (z.B: in den Anden in Südamerika).

Süsswassermolasse: → Molasse.

Tektonik: Lehre vom Aufbau der Erdkruste und der in ihr wirksamen, formgestaltenden Kräfte. Dazu gehören alle Arten schneller, bruchhafter Deformation nahe der Erdoberfläche sowie langsame, in grösserer Tiefe vorkommende Verformungen wie Faltungen. Tektonische Einwirkungen sind in grossen Spuren in Gebirgen erkennbar (→ Bruch, → Kluft, → Falten) und im Mikrobereich in Gesteinsausschnitten unter dem Mikroskop.

Tethys: Im Mesozoikum entstandenes Urmittelmeer, aus dem später durch Zusammenschub der Kontinente Ur-Europa und Ur-Afrika die Alpen entstanden sind.

Tsunami: Meereswelle, die in einem Ozean durch rasche Demobilisierung von Wassermassen erzeugt wird, sich von dort aus in allen Richtungen fortpflanzt und wenige Stunden später als Flutwelle Küstengebiete zerstörend erreicht. Mit der Abnahme der Meerestiefe gegen die Küste hin gewinnt die Welle zunehmend an Höhe, bis sie sich schliesslich im Uferbereich mit gewaltigen Kräften überschlägt. Die Demobilisierung von Wassermassen entsteht durch Sog- oder Stosseinwirkung auf diese bei gewaltigen Erdbeben im Meeresboden, wobei die Wassermassen nur dann in Bewegung gesetzt werden können, wenn sich dort Brüche mit meterhohen Versätzen bilden.

Urknall: Kosmische Explosion, nach welcher vor etwa 13 Mia. Jahren das Universum in Form von Gas- und Staubpartikeln entstand.

Verwitterung: Physikalische und chemische Zerstörung von Mineralien und Gesteinen an der Erdoberfläche infolge der Einwirkung von Sonnenstrahlung, Frost, Organismen, Wasser usw.

Vulkan: An der Erdoberfläche durch das Ausfliessen oder Auswerfen vulkanischer Produkte (→ Lava, Aschen) entstandenes Gebirge. Einige Vulkane gehören zu den bekanntesten Gipfeln der Welt, beispielsweise der Fujiyama in Japan, der Vesuv in Italien oder der Kilimandscharo in Tansania.

Weichgesteine: Sammelbezeichnung der Natursteinindustrie für Sedimentgesteine (mit Ausnahme von harten Sandsteinen) sowie einige Metamorphite (Marmor, Serpentinit, Phyllit, teilweise Schiefer) (→ Hartgesteine).

Werkstein: Bezeichnung für den durch den Steinmetzen für Bauzwecke bearbeiteten Naturstein.

Zementation: Prozess der Sedimentverfestigung (Lithifikation). Dabei werden die Porenräume im frischen Sedimentschlamm schrittweise «zugekittet». Als Kitt kommt – je nachdem, welche chemischen Elemente oder Ionen das darin zirkulierende Wasser mit sich führt – Kalzit oder Quarz zum Einsatz. Verbindet feinstkörniger Kalzit die Sedimentkörner, spricht man von mikritischem Bindemittel. Kommt grobkörnigerer Kalzit zum Einsatz, ist der Zement sparitisch. Quarz hat eine silikatische Zementation zur Folge (→ Hartgesteine). Bei diesem Prozess werden die Sedimentkörner miteinander verkittet.

13 Literaturverzeichnis

Labhart, Toni P. (1998): Geologie der Schweiz, 4. Auflage. Ott Verlag + Druck, Thun.

Heinz, R., Heitzmann, P., Mojon, A. (1998): Swiss Rock, Erläuterungen zur Gesteinssammlung, 1. Auflage. Ott Verlag + Druck, Thun.

Marthaler, M. (2001): Le Cervain, est-il africain? Une histoire géologique entre les Alpes et notre planète. Editions L.E.P. Loisirs et Pédagogie SA, Lausanne.

Müller, F. (2001): Gesteinskunde, 6. Auflage. Ebner Verlag, Ulm.

Murawski, H., Meyer, W. (1998): Geologisches Wörterbuch, 10. Auflage. Enke Verlag, Stuttgart.

Schweizerische Geotechnische Kommission (1997): Die mineralischen Rohstoffe der Schweiz. Schweizerische Geotechnische Kommission, Zürich.

Press, F., Siever, R. (1995): Allgemeine Geologie: eine Einführung. Spektrum Akademischer Verlag, Heidelberg.

Primavori, P. (1999): Planet Stone, 1. Auflage. Giorgio Zusi Editore Sas, Verona.

Pro Naturstein (2001): Broschüre Naturstein anwenden. Pro Naturstein, Dagmersellen.

14 Bildverzeichnis

BILD NR.	QUELLE
1.1	Press, F.; Siever, R. (1995): Allgemeine Geologie: eine Einführung, Seite 4. Spektrum Akademischer Verlag, Heidelberg.
1.3	Junior Wissen Steine & Mineralien (1995): Seite 41. Unipart Verlag, Stuttgart.
1.4	Press, F.; Siever, R. (1995): Allgemeine Geologie: eine Einführung, Seite 7. Spektrum Akademischer Verlag, Heidelberg.
1.5	Press, F.; Siever, R. (1995): Allgemeine Geologie: eine Einführung, Seite 11 (modifiziert). Spektrum Akademischer Verlag, Heidelberg.
1.6	Press, F.; Siever, R. (1995): Allgemeine Geologie: eine Einführung, Seite 11. Spektrum Akademischer Verlag, Heidelberg.
2.1 (rechts)	Press, F.; Siever, R. (1995): Allgemeine Geologie: eine Einführung, Seite 15 (modifiziert). Spektrum Akademischer Verlag, Heidelberg.
2.2 (links)	Press, F.; Siever, R. (1995): Allgemeine Geologie: eine Einführung, Seite 454 (modifiziert). Spektrum Akademischer Verlag, Heidelberg.
2.4	Press, F.; Siever, R. (1995): Allgemeine Geologie: eine Einführung, Seite 417. Spektrum Akademischer Verlag, Heidelberg.
2.5	Press, F.; Siever, R. (1995): Allgemeine Geologie: eine Einführung, Seite 17. Spektrum Akademischer Verlag, Heidelberg.
3.2	Heinz, R., Heitzmann, P., Mojon, A. (1998): Swiss Rock, Erläuterungen zur Gesteinssammlung, Seite 7 (modifiziert). 1. Auflage. Ott Verlag + Druck, Thun.
4.3	Cloos, H. (1947): Gespräch mit der Erde. Geologische Welt- und Lebensfahrt. R. Piper, München.
4.4 (rechte Bilder)	Press, F.; Siever, R. (1995): Allgemeine Geologie: eine Einführung, Seite 110. Spektrum Akademischer Verlag, Heidelberg.
4.11	Heinz, R., Heitzmann, P., Mojon, A. (1998): Swiss Rock, Erläuterungen zur Gesteinssammlung, Seite 14 (modifiziert). 1. Auflage. Ott Verlag + Druck, Thun.
5.1	Press, F.; Siever, R. (1995): Allgemeine Geologie: eine Einführung, Seite 56. Spektrum Akademischer Verlag, Heidelberg.
6.2	Press, F.; Siever, R. (1995): Allgemeine Geologie: eine Einführung, Seite 203. Spektrum Akademischer Verlag, Heidelberg.

7.10	Heinz, R., Heitzmann, P., Mojon, A. (1998): Swiss Rock, Erläuterungen zur Gesteinssammlung, Seite 43 (modifiziert). 1. Auflage. Ott Verlag + Druck, Thun.
7.11	Labhart, Toni P. (1998): Geologie der Schweiz, Seite 14. 4. Auflage. Ott Verlag + Druck AG, Thun.
7.13	Labhart, Toni P. (1998): Geologie der Schweiz, Seite 48. 4. Auflage. Ott Verlag + Druck AG, Thun.
7.14	Schweizerische Geotechnische Kommission (1997): Die mineralischen Rohstoffe der Schweiz, Seite 14 (modifiziert). Schweizerische Geotechnische Kommission, Zürich.
7.16	Heinz, R., Heitzmann, P., Mojon, A. (1998): Swiss Rock, Erläuterungen zur Gesteinssammlung, Seite 26. 1. Auflage. Ott Verlag + Druck, Thun.
7.18	Schweizerische Geotechnische Kommission (1997): Die mineralischen Rohstoffe der Schweiz, Seite 14 (modifiziert). Schweizerische Geotechnische Kommission, Zürich.
7.20	Heinz, R., Heitzmann, P., Mojon, A. (1998): Swiss Rock, Erläuterungen zur Gesteinssammlung, Seite 32. 1. Auflage. Ott Verlag + Druck, Thun.
7.22	Schweizerische Geotechnische Kommission (1997): Die mineralischen Rohstoffe der Schweiz, Seite 16 (modifiziert). Schweizerische Geotechnische Kommission, Zürich.
7.25	Schweizerische Geotechnische Kommission (1997): Die mineralischen Rohstoffe der Schweiz, Seite 18 (modifiziert). Schweizerische Geotechnische Kommission, Zürich.
7.27	Schweizerische Geotechnische Kommission (1997): Die mineralischen Rohstoffe der Schweiz, Seite 20 (modifiziert). Schweizerische Geotechnische Kommission, Zürich.
9.16	Pro Naturstein (2000): Naturstein-Musterordner (modifiziert). Pro Naturstein, Dagmersellen.
10.2	Pro Naturstein (2000): Naturstein-Musterordner (modifiziert). Pro Naturstein, Dagmersellen.
Alle anderen Bilder	Eigenproduktion

15 Stichwortverzeichnis

16 Sponsorentafel

Werkstr. 15, 6037 Root

Industriestr. 35, 9495 FL-Triesen

Kantonsstr. 24, 8807 Freienbach

Ringstr. 10 A, 8854 Siebnen

Marbres MG Granits SA
63, route du Moulin, 3977 Granges-Sierre

Via Cantonale, 6674 Riveo-Someo

Bahnhofstr. 29, 8107 Buchs

Roland E. Schmitt AG
Spiltrücklistr. 9, 9011 St. Gallen

Oberer Graben 22
CH-9000 St.Gallen

Langenmoos 9, 8467 Truttikon

Badenerstr. 7, 5445 Eggenwil

Ing. Franz Aufhauser KG
Stadt-Steinmetzmeister
Perfektastrasse 73, A-1230 Wien

Paritätische Kommission
Marmor+Granit
(NVS/Unia/Syna)
Stauffacherstrasse 60, 8036 Zürich

LOUIS BETTLER AG
Diamantwerkzeugfabrik · Schleifmittel · AKEMI-Produkte
Fabrique d'outillage diamanté · Abrasifs · Produits AKEMI
Fabrica di utensili diamantati · Abrasivi · Prodotti AKEMI
AKEMI®
Badenerstr. 7, 5445 Eggenwil

The Internet Service Provider
www.NetWings.ch
Schwimmbadstr. 41, 5430 Wettingen

Chamerstr. 106, 6300 Zug

kik AG
Business-Academie
5400 Baden www.kik-ag.ch

Keramikweg 3, 6252 Dagmersellen